辽宁省教育厅科学研究项目(LNJC201912)资助
教育部产学合作协同育人项目(202102235002、201101087066)资助
中国建设教育协会教育教学科研课题(2021145)资助
2021年度辽宁省普通高等教育本科教学改革研究优质教学资源建设与共享项目资助

基于多模式数据的行为分析与预测关键技术研究

邓媛媛　高治军　刘国奇　著

中国矿业大学出版社

·徐州·

内 容 提 要

本书提出构建一个灵活的大数据处理框架用于感知、收集和处理海量数据,提出了处理多模式数据的方法,并给出了基于数据处理行为分析的理论研究内容和结果。全书主要内容包括:绪论、基于 Geotagged Photo 类型数据的行为分析关键技术、基于 Geotagged Photo 数据集的重要位置识别方法、基于 Geotagged Photo 数据集的用户行为分析、基于大数据分析的风机故障诊断、总结与展望等。

本书可供相关专业的研究人员借鉴、参考,也可供广大教师教学和学生学习使用。

图书在版编目(C I P)数据

基于多模式数据的行为分析与预测关键技术研究 /
邓媛媛,高治军,刘国奇著.— 徐州 :中国矿业大学出
版社,2021.9
　　ISBN 978 - 7 - 5646 - 5134 - 3

　　Ⅰ.①基… Ⅱ.①邓…②高…③刘… Ⅲ.①数据处
理—研究 Ⅳ.①TP274

中国版本图书馆 CIP 数据核字(2021)第 198456 号

书　　名	基于多模式数据的行为分析与预测关键技术研究
著　　者	邓媛媛　高治军　刘国奇
责任编辑	何晓明
出版发行	中国矿业大学出版社有限责任公司
	(江苏省徐州市解放南路　邮编221008)
营销热线	(0516)83884103　83885105
出版服务	(0516)83995789　83884920
网　　址	http://www.cumtp.com　E-mail:cumtpvip@cumtp.com
印　　刷	苏州市古得堡数码印刷有限公司
开　　本	787 mm×1092 mm　1/16　印张 6.25　字数 150 千字
版次印次	2021 年 9 月第 1 版　2021 年 9 月第 1 次印刷
定　　价	42.00 元

(图书出现印装质量问题,本社负责调换)

前　言

　　随着 Web 2.0 技术的发展,社会媒体产生的海量数据为社会计算领域的研究提供了丰富的数据资源,这些数据具有海量、形式多样的特征。本书提出构建一个灵活的大数据处理框架用于感知、收集和处理海量数据,提出了处理多模式数据的方法,并给出了基于数据处理行为分析的理论研究内容和结果。本书主要工作如下:

　　(1) 使用社会媒体的海量数据,基于复杂网络模型,定义了社会关系网络模型;应用拓扑势理论定义了节点之间关系,对节点的影响力进行了分析和度量。针对个人 Geotagged Photo 数据集分布密度不均匀以及自身信息多样化的特点,提出了一种重要位置识别方法。该方法在识别过程中自顶向下逐层求精,对数据分布程度不同的区域采取不同的识别方法:结合地理坐标对应的省市区域滤除数据较少的地区;通过地区网格化挖掘得到用户的重要活动区域;在活动区域中使用基于距离及密度的 DBK-Medoids 聚类算法提取重要位置。从图片文本描述中依据词频提取关键词,对重要位置的识别结果进行修正。

　　(2) 采集了单人为期 16 个月的 Geotagged Photo 数据,包含照片、拍摄位置信息和时间。针对以上这些数据,本书提出了一种多次分类方法:首先,根据用户拍摄的地点按照城市划分;然后,根据用户的重要地点将照片集进一步划分;最后,根据用户在重要地点上的行为进行分类,得出城市、地点、行为三层结构的分类结果。在此基础上,考虑到行为意义的重叠以及照片蕴含信息的复杂性,将分类结果中可能性较高的几个类别作为标签分配给数据作为索引,实现对数据集的整理。

(3)在海量风机运行历史数据中,发现各个故障发生时参数取值的变化,从而达到诊断故障的目的。首先,对某种故障的数据进行预处理;然后,运用主成分分析法删除无关属性对数据进行降维;接着,用一部分训练小波神经网络,另外一部分测试小波神经网络。本书定义了故障偏移向量组的一系列概念,将小波神经网络测试误差几乎为 0 的历史状态数据取出,利用故障偏移向量组的概念对故障发生时参数的取值进行分析,得出该故障的故障偏移向量组。用同样的方法得出其他故障对应的故障偏移向量组,从而通过故障偏移向量组来诊断故障。

著　者

2021 年 3 月

目　　录

第1章 绪　论

1.1 研究背景和意义

随着 Web 2.0 技术的发展，SNS、Blog、Mini-Blog、BBS、IM、E-mail 等一系列基于互联网的信息传播工具和技术迅猛发展，这类工具和技术统称为社会媒体。同时，在工业生产过程中，也产生了海量的数据，比如一台运行的风机每两秒就会产生 1 000 条左右的传感数据，这些大数据的格式不统一、数据量大，构成了多模式数据。在社会媒体中，每个节点（人）根据自己的专业、喜好，自发贡献、提取、创造新闻资讯，再进行传播，其传播的信息已成为人们日常生活中的重要内容，以前所未有的方式增强了对人类社会活动和行为产生的数据的广度和深度[1-2]。目前，社会媒体已经成为连接现实社会和虚拟网络空间的纽带，它的出现使得人类的生活从单纯的社会网络过渡到由通信网、互联网、传感网等相互融合所形成的混合网络环境中。人类在混合网络环境中留下的数字足迹汇聚成一幅复杂的个体和群体行为图景，有助于理解并支持人类的社会活动[3-4]。通过对人类及其社会行为的科学理解，可以在很多重要领域进行应用，如精神文明建设（舆情分析）、健康卫生（传染病防范）、公共安全（突发事件预警）、大规模系统工程(群体协作支持)、智能交通管理(道路交通协同监测)、城市规划与发展(人口、资源、环境预测与规划)等[5-8]。因此,基于社会媒体对人类行为进行分析与预测是目前研究的一个热点问题。

根据《爆发》的作者 Albert-László Barabási(艾伯特-拉斯洛·巴拉巴西)的研究,人类93％的行为是可以预测的,并且人类的行为通常具有一定的习惯或偏好,从而在时间序列上呈现出一定的规律,这一理论引起了学术界的广泛关注,掀起了人类对自身行为模式研究和探索的热潮。早期的研究主要从连续性移动数据记录着手,从中学习人类的行为及移动,主要通过全球定位系统(GPS)、多个固定 WiFi 点、射频识别(RFID)等设备采集移动轨迹信息[9-12]。这种数据采集方式下的研究成本较高,要求用户携带设备被动上传数据信息,在实际应用中的扩展有限,同时存在用户隐私保护方面的缺陷。近年来,随着 Flickr、Youtube 及 Panoramio 等多媒体共享服务的快速发展,网络上涌现了大量开放性的多媒体数据,这些综合了描述文本、时间及地理信息的 Geotagged Photo 类型数据[13-16]由用户从开放性分享服务端主动上传,数据本身携带的信息丰富,为人类及其生活模式的多样化研究提供了更为坚实的基础。目前已有大量研究人员基于 Geotagged Photo 类型数据展开研究工作,但仍然存在以下问题:

(1)尽管云计算在基础层面上保证了基于海量数据进行行为分析和预测处理时的实时性和可靠性,但社会媒体是一个异构、实时在线、信息急速增长的平台,缺少一个灵活的大数据处理框架,在面向异构数据源时既能够实时地处理用户的在线请求,又能够批量处理用户历史信息,较为困难。

（2）早期的研究以被动式方式获取数据,该数据具有连续性特征,选取固定的上传时间间隔,且数据形式单一;通过共享开放服务主动获取的 Geotagged Photo 类型数据具有非连续性特征,上传时间不确定,数据分布不均匀,数据本身包含的信息丰富。面向 Geotagged Photo 类型数据时,单纯依赖地理及时间特性、用处理连续性数据的方法对用户行为进行分析和预测,行为预测的效果会受到影响。因此,面向不同特征的数据,需要对现有的研究方法进行改进,从而有效提高行为分析和预测的效果。

（3）现有的基于移动轨迹的行为分析关注两个方向的研究工作:个体行为模式和群体行为模式。对个体行为模式主要是对个体周期行为、轨迹模式挖掘和异常行为检测等进行研究;群体行为模式的研究关注于群体轨迹模式挖掘、群体分类等。在某些特定领域,如旅游、娱乐等,公众人物个人行为对该领域内的群体行为的影响不容忽视,现有的方法中缺少个体行为对群体行为影响力的分析和度量。

（4）社会媒体提供的数据资源庞大,对这些海量数据进行一定的预处理可以有效提高行为分析的准确性,并且提高算法的执行效率。针对数据的特征和属性,选择何种方式对海量数据进行预处理,是一个亟须解决的问题。

综上所述,迫切需要面向特定数据类型、结合具体应用场景、基于社会媒体的海量数据研究人类行为的分析和预测方法,为提高人们生活质量提供帮助。本课题提出构建一个灵活的、基于云计算的大数据处理框架用于感知、收集和处理海量数据,为数据的分析和处理提供一个平台。针对社会媒体平台提供的不同类型数据,提出行为分析和预测的方法,对海量数据进行预处理,筛除脏数据或无效数据,结合具体的应用场景,对现有的轨迹挖掘算法进行改进,使之适用于应用领域,使用开放共享服务提供的数据进行实验分析,考虑数据的特征和属性,给出具体的应用实例:① 针对连续型的轨迹信息,结合拼车出行的应用场景,利用时空逻辑推理去除脏数据,基于历史数据信息进行轨迹模式挖掘,根据挖掘结果定义拼车的轨迹模式聚合条件,改进现有的轨迹聚类算法,从而向车主推荐可以拼车出行的人员组合;② 针对非连续型的 Geotagged Photo 类型数据,结合旅游路径规划的应用场景,对用户轨迹中的重要位置进行识别,并结合图片标注信息进行语义修正,利用累积的历史数据信息挖掘用户移动规律,基于旅游的主题,考虑公众人物的旅游路线规划对其他人路线规划的影响,给出具体的分析和度量方法,从而推测旅游观光者的常规路线,向身处新环境的用户提供服务。本课题利用来自社会媒体的不同类型数据,结合具体应用场景,改进现有的轨迹挖掘算法,给出具体的行为分析和预测方法,为实际生活问题提供有效的解决方案。

1.2　国内外研究现状

信息技术的发展尤其是计算机网络的出现和社会复杂、交互程度的快速提高,使得当代社会科学、管理科学和信息科学已经无法应对复杂动态的现代网络社会带来的种种建模、分析、管理和控制方面的挑战。一方面,现代信息技术赋予传统的社会安全、经济活动与工程管理前所未有的社会化、网络化内涵,极大地提升了效能。另一方面,信息技术的发展及其带来的社会化效应提升了社会、经济与生产的规模和过程的复杂性、交互性、实时性,引发了许多新的问题。为了适应现代信息的发展,需要一个灵活的数据处理架构来基于社会媒体的海量数据、使用轨迹模式挖掘算法、考虑对人类的行为进行分析和预测。

(1)面向不同类型数据的行为分析和预测应用方面

面向连续型数据方面,文献[9]实现了 LOCADIO 系统测量最强接入点的信号强度变化,对用户进行定位。文献[10]利用 WiFi 在不断电的前提下可于室内及室外连续上传用户所在的位置,更为精确地记录用户的坐标历史。文献[11]针对 GPS 数据上传中存在数据包丢失导致轨迹不确定性的情况,结合路网提出了一种不确定性轨迹的模式挖掘算法,该算法从不确定性的轨迹数据中挖掘频繁序列集。文献[12]基于 GPS 历史数据对用户的地点及活动建模,发现访问过的地点特征及活动间的联系,最后利用共同矩阵分解方法挖掘可能感兴趣的地点及活动,对用户进行地点及活动的推荐。

面向非连续型的 Geotagged photo 数据方面,文献[13]利用图片的可视化信息、地理位置,基于概率潜在语义分析(Probabilistic Latent Semantic Analysis,PLSA),提出了一种聚集内容相似并且地理位置接近的图片的统计方法,实现大量 Geotagged photo 数据中的数据聚集。文献[14]利用图片的地理位置、时间戳及兴趣点(Point of Interest,PoI)数据库提供的 PoI,提出了一种从任意长度的语义标注移动序列中挖掘用户移动模式的方法。文献[15]利用带有社区属性的 Geotagged photo 数据,研究目的区域内观光者在吸引区域(Region of Attractions,RoA)间的移动形态,从而挖掘来自不同观光者观光路线的拓扑特征,以此反映观光者旅行行为的群体特征。文献[16]利用图片的地理信息、时间戳及描述,跟踪多个用户的位置序列,从多样有代表性的移动路线中找到关键的地标,为其他观光者提供路线及地点的推荐。

(2)在轨迹模式挖掘算法方面

数据挖掘领域的一些较成熟的技术,如关联规则挖掘、分类、预测与聚类已被逐渐用于行为分析和预测研究,以发现与时间或空间相关的有价值的模式。文献[17]根据希腊帕特雷地区公共汽车的运行轨迹数据,采用子串树结构,并改进 Apriori 算法,提高了频繁序列模式挖掘的效率和有效性。文献[18]根据希腊雅典 273 辆卡车车队的真实 GPS 数据,采用序列模式挖掘的方法得出群体的移动轨迹模式,这种方法不考虑个体之间的差异性,而是通过对时空数据的处理得出群体的大的移动模式,从而对城市规划、公共安全、资源调度、动物迁徙等提供帮助。文献[19]根据飓风移动和动物移动过程中采集的 GPS 数据,把轨迹序列分割成一段一段的子轨迹,采用该文提出的轨迹聚类算法 TRACLUS 找到共同轨迹,从而实现对飓风登陆地点的预测和动物迁徙规律的研究。文献[20]根据 MIT 真实的轨迹挖掘数据集,采用最大语义轨迹模式相似性度量的方法来测量用户轨迹的相似性,以此为基础向用户推荐潜在的朋友。文献[21]根据动物移动过程中采集的 GPS 数据,通过提出群和封闭群的概念,并采用群挖掘算法,提高对移动集群的搜索效率。

（3）影响力分析和度量方面

影响力,一般认为指的是用一种为别人所乐于接受的方式改变他人的思想和行动的能力。对于影响力的分析在很多科研领域和实际应用中都有着非常重要的作用。例如,城市规划中地铁站建设的位置选择需要分析站点对周边环境的影响力。现有的研究中对影响力的分析方法包括:① 社会网络分析法[22]。它将节点的重要程度等同于和其他节点的连接而使其具有显著性,常用指标包括度数中心性、中间中心性、接近中心性等。② 系统科学分析法[23]。它将删除网络中某个节点所造成的破坏程度等同于节点的重要性,该方法没有完全体现网络拓扑结构的差异,因此对节点重要性评估不是很准确。③ 信息搜索领域分析法。代表性算法有 Pagerank 算法及其改进算法[24]、基于语料和行为的阶梯式评价的相关算法[25]等。④ 模型化分析法。代表性的方法有将连续时间马尔科夫链引入独立级联模型（ICM）并加以改进为 CTMC-ICM 模型来确定集合 A 影响的方法[26]、结合信息搜索领域的改进方法——二维 Pagerank 方法和 TAP（Topical Affinity Propagation）主题建模的方法[27]等。⑤ 属性加成综合分析法[28]。它考虑实例在周围环境中的各种属性和指标,根据属性和指标的重要性按比例加分,根据实例得分情况对实例进行筛选的方法。

上述影响力分析的模型和方法为本课题的研究提供了研究思路,但直接应用到基于行为模式的影响力分析上稍显不足,因此本书提出基于复杂网络模型构建基于行为模式的社会关系模型,在此基础上给出影响力分析和度量方法。

1.3　本书研究内容

第 1 章:阐述了本书的研究背景和意义,分析了多模式数据的构成,给出了对这些数据研究的意义,提出了本书主要研究内容。

第 2 章:介绍了在云计算、大数据处理背景下的基于大数据的行为分析的关键技术。

第 3 章:提出了一种基于 GPS 数据集的重要位置划分方法,此方法的运用结果是研究行为分析的基础。

第 4 章:基于第 3 章内容,提出一种考虑重要位置、时间的行为分析的方法,并且给出了实验的结果。

第 5 章:提出了一种基于行为分析的风机故障诊断的方法,该方法根据收集到的风机运行中发生故障时的参数,将故障分为若干种类,作为训练结果集,将设备实时运行的参数当作实验数据进行风机故障预测。

第 6 章:总结与展望。对本书的主要研究工作、研究成果及创新点进行了总结,并对后续研究工作进行了展望。

第 2 章　基于 Geotagged Photo 类型数据的行为分析关键技术

2.1　移动数据概述

2.1.1　移动数据获取技术

移动数据的特点主要是包含位置数据信息,因此移动数据获取技术就是定位技术。现在世界上已有的成熟定位技术主要有三类:卫星定位技术、基于网络的定位技术和感知定位技术。卫星定位技术是指利用太空中的人造卫星对移动对象进行定位,典型代表是 GPS。基于网络的定位技术是指利用网络基站(或者接入点)等基础设施对移动对象进行定位。当移动终端被某一网络覆盖区域感知时,由网络基站或控制点计算出该移动终端的位置,典型代表是移动通信网络[28],如 GSM、CDMA 等。感知定位技术指在指定空间内部署传感器,当移动对象进入传感器的检测区域时,就能判定该对象的位置,典型代表是无线射频识别技术(RFID)。

(1)卫星定位技术。目前在室外空间最为广泛使用的卫星定位技术是 GPS。GPS 是英文 Global Positioning System（全球定位系统）的简称。GPS 起始于 1958 年美国军方的一个项目，1964年投入使用[29]。20 世纪 70 年代，美国陆海空三军联合研制了新一代卫星定位系统 GPS，主要目的是为陆海空三大领域提供实时、全天候和全球性的导航服务，并用于情报收集、核爆监测和应急通信等一些军事目的。经过 20 余年的研究实验，耗资 300 亿美元，到 1994 年，全球覆盖率高达 98% 的 24 颗 GPS 卫星星座已布设完成[30]。

最初的 GPS 计划是在联合计划局的领导下诞生的，该方案计划将 24 颗卫星放置在互成 120° 的三个轨道上。每个 GPS 轨道上有 8 颗卫星，地球上任何一点均能观测到 6～9 颗卫星。这样，粗码精度为 100 m，精码精度可达 10 m。由于预算压缩，GPS 计划不得不减少卫星发射数量，改为将 18 颗卫星分布在互成 60° 的6 个轨道上，然而这一方案使得卫星可靠性得不到保障。1988 年又进行了最后一次修改，确定为 21 颗工作星和 3 颗备用星工作在互成 60° 的 6 条轨道上。这也是现在 GPS 卫星所使用的工作方式。GPS 导航系统是以全球 24 颗定位人造卫星为基础，向全球各地全天候地提供三维位置、三维速度等信息的一种无线电导航定位系统。它由三部分构成：一是地面控制部分，由主控站、地面天线、监测站及通信辅助系统组成；二是空间部分，由 24 颗卫星组成，分布在 6 个轨道平面；三是用户装置部分，由 GPS 接收机和卫星天线组成[31]。

美国于 2000 年全面放开 GPS 对普通民众的使用权限，使得GPS 广泛应用于民用交通导航。现在民用的 GPS 定位精度可达

10 m 以内。类似的卫星定位系统有欧洲的伽利略系统[32]、俄罗斯的 GLONASS 系统[33]。20 世纪后期,我国开始探索适合国情的卫星导航系统发展道路,逐步形成了三步走发展战略:2000 年年底,建成北斗一号系统,向中国提供服务;2012 年年底,建成北斗二号系统,向亚太地区提供服务;2020 年,建成北斗三号系统,向全球提供服务。2020 年 8 月 3 日上午,北斗三号全球卫星导航系统建成开通新闻发布会在国务院新闻办公室召开。2035 年前我国还将建设完善更加泛在、更加融合、更加智能的综合时空体系,为未来智能化、无人化发展提供核心支撑,持续推进系统升级换代,融合新一代通信、低轨增强等新兴技术,大力发展量子导航、全源导航、微 PNT 等新质能力,构建覆盖天空地海、基准统一、高精度、高智能、高安全、高效益的时空信息服务基础设施。服务全球,造福人类[34]。

其他改进型技术还包括差分 GPS 技术和辅助 GPS 技术等[35]。差分 GPS(Differential GPS)系统可以纠正卫星信号在电离层和对流层传输时的时间误差,进而提高精度。辅助 GPS(Assistant GPS)系统使用一些辅助数据(如地面的移动网络基站)来提高 GPS 在弱信号下的定位精度。当外部条件良好时,GPS 能够获得较佳的定位效果,但是 GPS 的精度较易受到周围环境如高大建筑、室内空间等的影响。

(2)基于网络的定位技术。这种定位技术往往依赖于移动通信网络设施。移动通信网络通常通过 CoO(Cell of Origin)进行定位[29],将移动终端定位在其注册基站的覆盖范围内。因此,移动通信网络 CoO 定位的精度和基站覆盖范围紧密相关。尽管使用一些辅助手段有助于提升精度,但总体来说这类定位技术的精度较低[36]。此外,还可以依赖无线局域网进行定位,如 WiFi 等[37-38]。基于 WiFi 的定位通常根据 WiFi 访问点的已知部署位置和信号强弱进行定位,主要有基于三边测量的方法[39]和基于信号强度指纹的方法[40]。

基于三边测量的方法通过信号传递模型将接收到的信号强度转换为到访问点的距离,进而利用三边测量法定位。但是由于室内影响信号强度的因素很多,这使得建立一个通用的信号传播模型并不简单,而模型的好坏又直接影响到定位的效果。基于信号强度指纹的方法首先将事先选择的室内空间每个参考点到所有 WiFi 访问点的信号强度(即指纹)记录到数据库,终端根据当前自身到所有访问点的信号强度信息在指纹数据库中查找与其最接近的参考点,并用该参考点的位置定位移动终端。这种方法的精度在很大程度上取决于参考点选取的数量和位置。

(3)感知定位技术。感知定位技术适用于短距离识别。一般而言,需要一个信号发送端和一个信号接收端。当信号发送端和信号接收端之间的距离非常小时,就能够被识别。RFID 就是一种典型的感知定位技术[41]。RFID 系统通常包括两个组成部分:RFID 阅读器和 RFID 标签[42]。RFID 阅读器能感知其覆盖区域内出现的 RFID 标签。当携带 RFID 标签的对象被某一 RFID 阅读器感知时,即可对该对象定位。该方法与移动通信网络的 CoO方法类似,但是 RFID 的覆盖区域要小很多,主要用于室内空间。这使得 RFID 定位的位置通常被限制在符号系统中。符号系统比几何坐标系统更适合描述室内空间,比如人们通常用房间号码来指示一个室内位置,而不是通过经纬度。另一方面,通过 RFID 读卡器的部署信息,可以将符号系统的坐标转化为几何坐标系统。因此,为了更好地利用 RFID 进行室内定位,需要综合考虑室内空间的平面规划和 RFID 阅读器的部署[43]。此外,蓝牙、红外等也是比较典型的感知定位技术[44-46]。

表 2-1 总结了各类定位技术的特点。

表 2-1　定位技术对比

类别	代表性技术	经度	覆盖范围	应用场景
卫星定位技术	GPS、北斗、伽利略	中高	广	室外
基于网络的定位技术	GSM、3G、CDMA、WiFi	中低	较广	室外和室内
感知定位技术	RFID、蓝牙、红外	高	小	室内

室内、室外的环境不同,定位技术的工作原理不同,使得很难有一种定位技术能同时广泛地支持室内和室外定位。为了给服务提供商进行统一的室内外定位信息,需要在室内、室外定位技术之间进行切换。有学者对这一问题进行了研究,提出了针对室外 GPS 定位和室内 WiFi 定位之间的四种切换策略[47]。

2.1.2　移动数据分类

轨迹模式挖掘处理的数据都是移动数据,移动数据就是由时间信息和空间地理位置信息构成的数据。根据获取移动数据的对象不同,可以将获取的移动数据分为四类:人类、人造物体(如飞机、汽车、轮船)、动物、自然现象(如飓风、龙卷风)的移动数据。

(1)从人类获得的移动数据,一般是由研究移动数据挖掘的世界各地的大学、研究机构等,通过有偿或无偿的方式征集志愿者,然后收集志愿者的移动数据,以便作为研究的数据来源。还有很大一部分移动数据来源是社交网络用户和 LBS 类应用的用户在实际的使用过程中记录下的,不过这类数据一般涉及用户的隐私,公司不对外界用户公开,因此非公司内部机构无法获得这些移动数据。

（2）人造物体留下的移动数据,多为出租车的车载 GPS 导航模块记录下的移动位置信息。这类信息对于研究城市的交通情况和人口分布有着重要的意义。

（3）动物留下的移动数据,一般是动物学家为了研究动物的迁徙和生活规律,给动物身上安装上了 GPS 定位装置,用以记录动物所去过地方的地理位置信息。这对研究动物的生活习性提供了非常重要的依据。

（4）自然现象留下的移动数据是由气象卫星拍摄而来的。利用这些数据挖掘出自然现象移动的规律可以为气象学家更加准确地预测天气提供另一份依据[48]。

按照获取移动对象移动数据的方式不同,移动数据可以分为两类,主动式（如 Facebook、Twitter、Foursquare 等 LBS 服务的签到等产生的移动数据）和被动式（如人类、汽车或动物携带的位置感知设备定时上传的移动数据）。

（1）主动式数据的特点是数据形式丰富,除了包含位置信息以外还有该地点的 PoI、文字描述、图片、视频等信息。但是主动式数据也有不利的因素,因为主动式移动数据的上传和用户使用基于位置服务的应用的黏度有很大关系,一般主动式移动数据上传的时间间隔较长、上传的时间不规律,因此主动式移动数据一般都是稀疏的。

（2）被动式数据的特点是移动数据上传的时间间隔固定且有规律可循,但是被动式移动数据的缺点是数据形式单一,一般只记录了用户的时间信息和空间位置信息。

根据记录位置的技术不同,又可以分为卫星类移动数据、基于网络的移动数据以及基于感知的移动数据。

（1）卫星类移动数据,包含的位置信息是由经度和纬度构成的,优点是覆盖广、精度高,可以和地图结合起来进行数据处理;缺点是卫星信号在屋内是无法接收到的,因此无法精确定位屋内的移动数据。

（2）基于网络的移动数据,包含的位置信息是由基站 ID 和基站服务商编号构成的,它的优点是覆盖范围较广、精度较高,在屋内仍然可以自由使用;缺点是由于只记录基站 ID 和基站服务提供商编号,无法确定用户在地图上的具体位置。

（3）基于感知的移动数据,包含的空间位置信息一般是RFID、蓝牙或者是红外的位置信息。它的优点是精度高,用于屋内定位非常适合,精度可以精确到 1 m 范围以内;缺点是覆盖范围小,无法形成大规模的覆盖,只适用于室内定位。

通过以上对移动数据分类的介绍可知,不同类型的移动数据有着不同的数据特点。因此,在做移动数据挖掘时也不能一概而论,并不是一种轨迹模式挖掘技术能够应用于所有的数据类型。同样,相同的数据类型在不同的实际应用场景下也要采取相适应的轨迹模式挖掘技术,只有根据不同的数据特点和应用场景,采用相适应的挖掘方法才能得出真正有意义的内容。

2.2　轨迹模式挖掘概述

轨迹模式挖掘的研究内容主要是通过对海量的、高噪声的移动数据的挖掘处理，找出潜在的用户轨迹模式。

2.2.1　轨迹模式挖掘方法

近年来，随着轨迹模式挖掘研究的快速发展，有关轨迹模式挖掘的方法也日益增多。到目前为止，典型的轨迹模式挖掘方法可以大致分为两类：基于聚类的轨迹模式挖掘方法[49-53]和基于频繁序列的轨迹模式挖掘方法[54-56]。本节将分别介绍以上两种轨迹模式挖掘方法的一般流程和优缺点。

（1）基于聚类的轨迹模式挖掘方法

这种轨迹模式挖掘方法的主要流程一般包含以下几个步骤：

首先，要将用户的移动数据集合分成一个个移动数据片段。该部分工作主要是将移动数据集合按照事先定义好的分段规则分成若干个移动数据片段，为移动数据片段的距离计算和聚类作铺垫。

其次，定义移动数据片段之间的距离计算公式。该部分工作主要是根据移动数据片段之间的夹角、片段之间的空间相似度等因素定义一个计算数据片段相似度的距离公式，为下一步移动数据聚类打基础。

最后，轨迹模式聚类。该部分工作主要是利用改进的聚类算法将移动数据片段集合进行聚类，划分为若干个聚类。获得的聚类要满足:同一聚类中的移动数据片段的相似度较高,而不同的聚类中的移动数据片段的相似度较小,其中聚类相似度一般是利用各个聚类中移动数据片段中的均值获得一个有代表性的移动数据片段来计算的。

基于聚类的轨迹模式挖掘方法的优点是:在数据预处理方面,不需要对移动数据的空间位置点进行处理,只需要将移动数据分成若干个片段即可。此外,该方法同时适用于个体移动数据和群体移动数据。缺点是:移动数据集合的片段划分很难把握,移动数据片段相似度的计算公式要同时考虑方向和空间距离等多个因素,聚类得出的轨迹模式粒度相对较粗。

(2)基于频繁序列的轨迹模式挖掘方法

这种轨迹模式挖掘方法的主要流程一般包含以下几个步骤:

首先,移动数据预处理。移动数据预处理的过程主要是对海量的、未处理过的、高噪声的移动数据做轨迹模式挖掘前的处理,以去除移动数据中不合理的移动数据信息和冗余的移动数据信息。

其次,生成候选轨迹模式。这个过程主要是将移动数据预处理留下的移动数据信息按照事先定义好的关联规则进行相互关联,生成候选的轨迹模式。

然后,过滤候选轨迹模式。并不是每一个候选的轨迹模式都是合理和有意义的,因此就需要定义过滤方法,去除掉那些对用户意义不大的候选轨迹模式。常见的过滤方法是统计候选模式在移动数据集合的支持度和置信度,小于支持度阈值和置信度阈值的候选轨迹模式会被去除。

最后，生成轨迹模式。在过滤掉不合理的轨迹模式以后，根据剩下的轨迹模式生成长度是当前长度加 1 的候选轨迹模式，循环执行，直到生成的轨迹模式集为空或是生成的候选轨迹模式集为空时结束。

基于频繁序列的轨迹模式挖掘方法的优点是：可以挖掘出较细粒度的轨迹模式，同时适用于个体和群体移动数据的挖掘。缺点是：由于移动数据的空间位置点之间的差异太大，特别是 GPS 类型的移动数据，因此，预处理时要将移动数据的空间位置进行区域划分，常用的划分方法有网格、感兴趣区域[57]、空间位置点聚类等。

2.2.2　轨迹模式挖掘应用

到目前为止，轨迹模式挖掘已经在很多领域得到应用。在城市规划与公共交通领域，交通指挥中心可以通过对历史车辆的移动数据挖掘找出交通事故易发地点，增强该地点的交通指挥强度，从而减少交通事故的发生[58]。同时，对移动数据的轨迹挖掘可以得出人群的移动轨迹模式，这可以为交通协调、公共服务设施和道路扩建提供帮助。例如，文献[59]对收集的 GPS 类型的移动数据进行挖掘，得出城市交通网络中各个路口的滞留时间，可以为道路改建提供参考。文献[60]通过对出租车记录的 GPS 类型的移动数据进行挖掘，找出城市中更有吸引力的购物中心。文献[61]通过使用出租车记录的 GPS 类型的移动数据研究乘客打车的上车和下车地点之间的联系。这些有关城市交通的研究，对城市改建和规划都可以提供重要参考。

在好友推荐上,文献[62]根据用户的轨迹模式,判断用户的相似性,从而为用户推荐好友。该文献在判断用户相似性时,不仅考虑了轨迹模式的长度,而且考虑了移动数据的空间位置点在整个移动数据集合中出现的频率,频率越低对用户相似度的影响越大。文献[57]在前人研究的基础上进一步提出感兴趣位置的推荐,通过对相似用户没有访问过的地理位置进行兴趣度排序,然后推荐给好友用户,而且可以按照餐馆、运动、娱乐和旅行四种类型为用户分别推荐。文献[63]通过对用户移动数据的 PoI 抽取,将移动位置轨迹数据转换为语义位置轨迹数据,然后利用挖掘方法找出用户的语义轨迹模式,并通过对语义轨迹模式相似性的判断给出用户之间的相似性。和文献[57,62]相比,文献[63]不仅能发现位置轨迹相似的用户,而且还可以发现地理位置差别很大但是兴趣相同的相似用户。

在观光旅游上,通过对观光者的移动数据挖掘得出旅游者的观光路线,同时考虑大众推荐的观光路线及用户的观光趣向,为身处新环境的观光者推荐个性化的观光路线。例如,文献[64-66]通过对用户留下的 GPS 类型的移动数据的挖掘处理,找出用户感兴趣的位置和用户的旅行路线,这可以作为给用户推荐个性化的观光路线的强有力依据。

在移动电子商务上,通过对移动数据的挖掘可以找出用户的轨迹模式,然后根据用户现在的位置和历史轨迹模式对比,预测出用户下一个最可能要去的位置,从而向用户推荐消费广告或服务,提供超越用户想象的服务方式[67-68]。文献[69]通过语义轨迹模式挖掘的方式,预测用户下一个想去的语义位置,这更贴近人类在实际生活中的习惯。

总之,无论是城市规划、公共交通、好友推荐、观光旅游,还是移动电子商务,轨迹模式的挖掘都有着极其深远的意义,有着广阔的发展空间,理论研究和应用前景也是非常光明的。通过将轨迹模式挖掘和现实生活中的应用领域相结合可以为人类向智慧生活前进做出重大的贡献。

2.3　本章小结

本章首先介绍了移动数据的获取技术,包括定位技术的分类、各类技术产生的背景和定位原理以及各类技术的优缺点对比。此外,本章还详细介绍了移动数据的分类。然后对轨迹模式挖掘方法做了介绍,包括典型的轨迹模式挖掘方法以及对应的优缺点。最后介绍了轨迹模式挖掘在各个领域的应用。

第 3 章 基于 Geotagged Photo 数据集的重要位置识别方法

3.1 引言

随着图片分享软件的快速发展,网络上涌现了大量携带文本信息、时间以及地理坐标的图片数据 Geotagged Photo。针对个人 Geotagged Photo 数据集分布密度不均匀以及自身信息多样化的特点,本书提出了一种重要位置识别方法。该方法在识别过程中自顶向下逐层求精,对数据分布程度不同的区域采取不同的识别方法:结合地理坐标对应的省市区域滤除数据较少的地区;通过地区网格化挖掘得到用户的重要活动区域;在活动区域中使用基于距离及密度的 DBK-Medoids 聚类算法提取重要位置。从图片文本描述中依据词频提取关键词,对重要位置的识别结果进行修正。在实验过程中,本书对每个阶段都考虑参数的优化组合,并使用多种聚类评价指标评估重要位置的聚类结果;结合用户标注的重要位置与实验过程中修正后的重要位置进行评估,评估结果显示:本书自动识别的重要位置与实际标注结果吻合度较高。

3.2 基于 Geotagged Photo 数据集的重要位置识别方法

3.2.1 系统结构

图 3-1 显示了本书自顶向下的重要坐标识别方法的整体步骤，由以下四个部分组成：地域初步划分、重要活动区域挖掘、重要位置提取以及位置准确性修正。

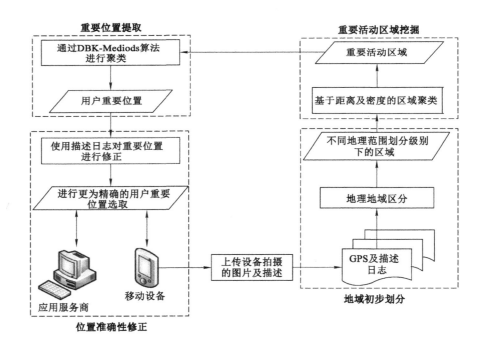

图 3-1 系统步骤图

地域初步划分：依据个人不规律拍摄并上传的 GPS 数据，本书对其进行第一层树结构的建立。此时结构中的节点表示聚集位置的簇，节点间的边则表示两个簇间的直接关联关系。在这个过程中，本层结构将总体分布区域划分为不同程度的地域范围，如省级、市级等。总的来说，整体数据的区域聚集化明显且覆盖面广，通过初步的地域划分，使后期重要位置的提取更加高效及个性化。

重要活动区域挖掘：该阶段将第一层得到的地理区域簇网格化后，将密度高于阈值的区域定义为重要活动区域，即用户频繁访问的地区。通过该层树结构的建立，系统可筛选得到出现较少的位置，利用图片的文本信息，对于该类点进行处理。该阶段的树节点（即重要活动区域）缩小了下一步重要位置提取的数据集。

重要位置提取：该阶段将整体树结构最终的节点细化至重要位置。主要工作为：从上层重要活动区域中通过基于密度及距离的聚类算法，将用户频繁访问的位置聚集得到该用户的重要位置。通过本阶段的工作，系统将地理位置相距较近的坐标点合并为一个位置，得到的所有位置具有用户频繁访问且使地理位置区分开来的特点，对于系统最终为用户推荐的重要位置及为系统服务商提供地理位置相关广告推荐的有效性提供最基本的保障。

位置准确性修正：本书输入数据中除了 GPS 的一系列日志之外，还具有每条记录相对应的用户描述文本信息。在此阶段本书从上一阶段聚类簇中图片描述信息得到的 $Table_{TF}(word, w_{tf})$ 中提取各簇的关键词。簇内若存在图片的描述中没有该簇关键词，则将该点排除。而对怀疑位置 SuspectedLocation，利用各簇的关键词与怀疑位置描述信息提取出的词汇进行相似度比较，超过阈值的位置即转而认定为用户重要位置。

通过上述四个阶段，所有的数据依据整体的自顶向下识别结构得到了该用户所有重要位置的最终结果，整体结构如图 3-2 所示。

3.2.2　相关定义

本节对于文中涉及的相关自定义概念进行形式化的定义。

【定义 3-1】　**访问区域**。用户 u 的访问区域定义为 $\text{Area}_{\text{visited}}$：

$$\text{Area}_{\text{visited}} = [\min \text{Latitude}, \max \text{Latitude}] \times$$
$$[\min \text{Longitude}, \max \text{Longitude}]$$

式中，min Latitude 表示到访过的地理坐标的纬度最小值，max Latitude 表示纬度最大值；min Longitude 表示到访过的地理坐标的经度最小值，max Longitude 表示经度最大值。

【定义 3-2】　**单位活动区域**。每个访问区域内的单位活动区域为 $\text{Area}_{\text{unit}}$：

$$\text{Area}_{\text{visited}} = \sum_{j=1}^{l} \sum_{i=1}^{w} \text{Area}_{\text{unit}_{ij}}$$

其中，将单位活动区域的长度划分为 l 等份，将单位活动区域的宽度划分为 w 等份。

单位活动区域作为划分标准，将用户访问过的区域分为若干个长方形面积，用于接下来活动区域的计算统计工作。

【定义 3-3】　**区域活动密度**。区域活动密度定义为 $\text{density}_{\text{area}}$：

$$\text{density}_{\text{area}} = \frac{n_{\text{area}}}{\text{Num}}$$

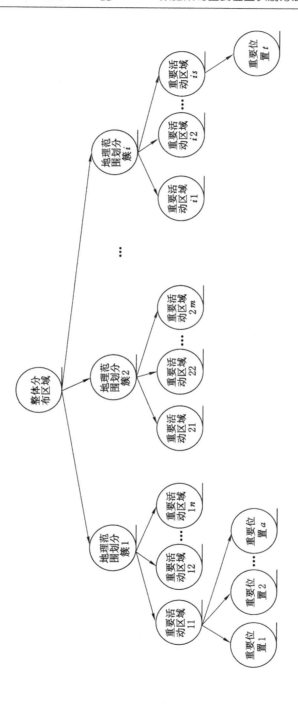

图3-2　树形结构图

式中，n_{area} 为该区域内出现坐标点的次数；Num 为记录数据中所有坐标点的数目。

计算区域活动密度是将其作为衡量某活动区域对于用户是否重要的重要参考参数。

【定义 3-4】 用户重要活动区域集。用户 u 的重要活动区域定义为 $Area_{imp}$，当：

$$density_{area_{imp}} \in [\tau, 1], \tau \in [0, 1]$$

时，则称该活动区域为用户的重要活动区域，此时 $Area_{imp} \in AS_{imp}$。

【定义 3-5】 用户非重要活动区域集。用户 u 的非重要活动区域定义为 $Area_{unimp}$，当：

$$density_{area_{unimp}} \in [0, \tau], \tau \in [0, 1]$$

时，则称该活动区域为用户的非重要活动区域，此时 $Area_{unimp} \in AS_{unimp}$。

【定义 3-6】 确定位置集。用户 u 被系统认定的确定位置定义为 DecidedLocation，该类位置表示经聚类算法处理过后已认定为对于用户有意义的位置，此时 DecidedLocation $\in$ DLS。

【定义 3-7】 怀疑位置集。用户 u 被系统认定的怀疑位置定义为 SuspectedLocation，该类位置表示经聚类算法处理后仍然无法认定为对于用户是否有意义的位置，此时 SuspectedLocation $\in$ SLS。

【定义 3-8】 词频权重集。词频权重集定义为 $Table_{TF}(word, w_{tf})$：

$$Table_{TF}(word, w_{tf}) =$$

$$\{Table \mid word \in Description_{DL}, w_{tf} = \frac{TF_{word}}{N_{word}}\}$$

式中，$Description_{DL}$ 表示所有确定位置集 DLS 内数据的描述信息；TF_{word} 表示词汇 word 对应的词频；N_{word} 则表示描述信息中出现的所有词汇的总数。

3.3　基于 Geotagged Photo 数据集的重要位置识别过程

基于 Geotagged Photo 数据集的重要位置识别过程呈现出自顶向下的模式，能实现对实验样本逐层递精的目的。第一步通过实现对数据覆盖面积的地域初步划分，缩小图片覆盖的实际面积；第二步在上一步的基础上，针对数据分布相对密集的区域，根据分布密度对用户的重要活动区域进行挖掘，利于接下来对密集区域内重要位置的分析提取；第三步在挖掘得到的重要活动区域内利用聚类算法对用户重要位置进行提取；第四步从数据文本描述中利用词频提取关键词汇，计算数据间的相似度，对上一步重要位置的聚类结果进行修正。下面对每个步骤进行具体的介绍。

3.3.1　地域初步划分

根据数据集提供的地理位置将所有的数据分布在地图的相应位置，如图 3-3 所示。

由图 3-3 显示的内容可得整体上数据的分布并不均匀，此时如直接对数据集提供的地理坐标统一进行聚类，数量相对较多的散点将对聚类最终效果的准确性产生较大的不利影响。因此，在这之前本书对数据集进行了相应的预处理。

到访过的整体区域被分裂为数个访问区域 $Area_{visited}$。本书

图 3-3 整体图片位置分布图

将数据集提供的经纬度利用 Google API 转化为相应的地理位置,再依据地理位置的前两节字段(即精确至省)将所有数据分类,并将各类分布区域转化为访问区域 $Area_{visited}$。由于所有数据分布散乱,因而本书将数据分布较聚集的三个部分截取出来,如图 3-4 所示。

结合实际情况,由于用户长期活动的区域一定,大多访问的区域具有访问周期短、访问频率低的特点,因此本书应用的数据集就具有了地理面积覆盖广泛但分布密度并不均衡的特征。通过对数据的预处理,接下来可以针对分布较集中的区域进行更为精确的研究,从而提高最终结果的准确性。

3.3.2 重要活动区域挖掘

先以 $Area_{unit}$ 为划分标准将所有的 $Area_{visited}$ 网格化,以图 3-4(a)中的区域为例,结果如图 3-5(a)所示;再根据坐标点分布密度从

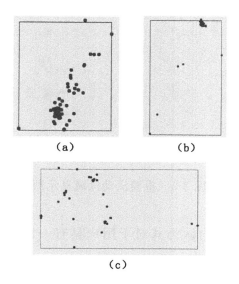

（a）　　　　　　　　（b）

（c）

图 3-4　省区域分布图

$Area_{visited}$ 中获得所有用户重要活动区域 $Area_{imp}$，结果如图 3-5(b)所示。本书应用了 Giannotti 等[70-71]提到的区域提取方法，方法要求如下：

（1）每个 $Area_{imp}$ 皆由一个或多个相邻的 $Area_{unit}$（$l \times w$）组成。

（2）各个 $Area_{imp}$ 两两不相连。

（3）密度高的 $Area_{unit}$ 均被包括在各个 $Area_{imp}$ 内。

（4）每个 $Area_{imp}$ 的平均密度 $density_{Area_{imp}} \geqslant \tau$。

（5）对任意一个 $Area_{imp}$ 添加一个新的 $Area_{unit}$，新形成的 $Area_{imp}$ 的 $density_{Area_{imp}} < \tau$。

根据上述方法，本书最终将所有输入数据转换成用户的重要活动区域集 AS_{imp} 与非重要活动区域集 AS_{unimp}，AS_{imp} 中任一区域

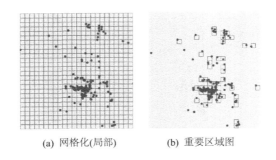

(a) 网格化(局部)   (b) 重要区域图

图 3-5　重要活动区域显示图

所包含的图片坐标均认为其对于用户具有一定的意义。

3.3.3　重要位置提取

如图 3-4 所示,重要活动区域坐标分布密集且存在重叠的情况,Ashbrook 等[72]在研究中也发现同样的问题,一个地理位置对应的经纬度范围可能在 15 m 以内,在这种坐标密度高分布的情况下,同一位置可能对应多个差别不大的经纬度。所以本书中无法将属于 AS_{imp} 内每条数据对应的经纬度认定为是一个对于用户有意义的位置,故而接下来使用相应的聚类算法对相似坐标点进行合并。

本书使用将 DBSCAN 算法[73]及 K-Medoids 算法[74]两者相结合的 DBK-Medoids 算法对相似坐标点进行了聚类。

由文献[73]及文献[74]可知,K-Medoids 算法需手动设定中心值的数量及初始化中心点的值,并且上述值的选取对最终聚类的结果有很大的影响。在系统未对实验数据学习的前提下,手动设定使中心值的数量与中心点初始值的选取变得盲目。因此,本书结合 DBSCAN 根据数据分布密度进行聚类,无须设定类的数量的特点,自适应地结合 K-Medoids 算法,从而优化最终的聚类结果,结果如图 3-6 所示。

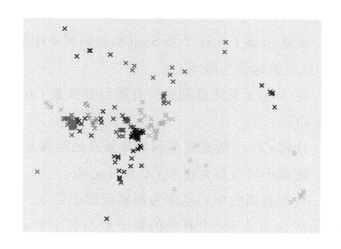

图 3-6　K 均值结果图

对于第二层树结构得到的每个包含多个坐标的重要活动区域簇,本书先对其使用 DBSCAN 聚类算法,得到多个密度相连的簇。

具体过程如下:

输入:样本集合 SampleSet,邻域半径 Eps,密度最小阈值 MinPts。

输出:簇集合 ClusterSet。

Step 1. 从 SampleSet 中任取一个未访问点 point。若其半径为 Eps 的圆形邻域 neighbor 内包含的点数不小于 MinPts,则将 point 及其邻域内的所有点归并为一个新簇 C;若其点数小于 MinPts,则将 point 标记为噪点,并将 point 标记为已访问点。

Step 2. 对簇 C 中未访问点 ppoint，检查其邻域，若其包含的点数不小于 MinPts，将其包含的未归入其他簇的点并入 C。

Step 3. 重复 Step 2，不断扩展簇 C 包含的点。当没有新的点加入簇 C 时，执行 Step 1。

Step 4. 重复 Step 1、Step 2 及 Step 3，直到样本中所有的点都归并入某个簇或被标记为噪点。

Step 5. 将 Step 4 最终得到的所有簇组成簇集 ClusterSet，从中任选一簇 CC。

Step 6. 计算 CC 中所有点与剩余其他点的距离总和 SUMp，选择 SUMp 值最小的点作为该簇 CC 的中心点。

Step 7. 将所有簇的中心点作为初始化的中心点。

Step 8. 将 SampleSet 中剩余的每个点与各个中心点求欧几里得距离，并将点归为距离最小的中心点所在的簇。

Step 9. 重新计算各簇的中心点，重复 Step 8，直至每个簇不再发生变化为止。

由于数据样本分布区域较广，且密度并不均匀，仅采用单一的方法从大量坐标数据中提取重要位置可能会造成系统运行资源的浪费及较大的误差，如部分位置仅出现极少的次数且距离其他位置较远，该类点对最终结果造成的噪声较大。本书采用了对数据的多层次处理方案，对噪声进行了一系列的处理，并区分出位置集中分布的区域，继而基于区域分布的特征对重要位置进行提取。

3.3.4　重要位置修正

本书将上一阶段得到的每个代表重要位置的聚类簇作为一

个对象,将簇内所有对象的文本合并为一个文档。与此同时,为每一个文档建立相对应的词频权重表 $\text{Table}_{\text{TF}}(\text{word},\text{w}_{\text{tf}})$,词频由大到小排序。若簇中存在访问点 a,a 描述中的所有词汇与簇内其余的访问点文本皆无重复,即词频均为 1,该点亦将从该簇内排除,并放入怀疑位置集合 SLS。从权重表中截取排在前 n 个的词汇,用作代表该簇的关键词,表示为 $C(\text{keyword}_1,\text{keyword}_2,\cdots,\text{keyword}_n)$。怀疑点集合 SLS 中任意一个点 sl 用自身文本描述中所有的词汇表示,即 $sl(\text{word}_1,\text{word}_2,\cdots,\text{word}_m)$。

在这一阶段,本书利用语义分析后得到的词频对上一阶段得到的确定位置集合进行修正。主要方法为计算怀疑位置与确定位置间的相似度,此处确定位置 i 由其归属的簇的关键词表示,记为 C_i,怀疑位置 sl_j 则由自身词汇表示。位置 P_i 与簇 C_j 间的相似度定义如下:

$$\text{Sim}(P_i,C_j)=\frac{|\{w\,|\,w\in P_i\,\text{且}\,w\in C_j\}|}{|P_i|}$$

式中,$\text{Sim}(P_i,C_j)\in[0,1]$。

根据上式求得各簇内每个点与所属簇间的相似度,得到该簇整体相似度的均值 $\text{AvgSim}C_i$,该值则作为该簇的自身相似度,即:

$$\text{AvgSim}C_i=\frac{\sum_{j=1}^{n_c}\text{Sim}(P_j,C_i)}{n_c}$$

式中,$P_j\in C_i$。

若怀疑位置 a 与任意簇间的相似度超过该簇的自身相似度,本书便将该怀疑位置归入该簇所有。通过对所有聚类簇及怀疑位置集合 SLS 中所有的怀疑位置进行如上操作,本阶段得到书中认定的所有重要位置。

3.4　实验分析

3.4.1　数据类型

本书采用的输入数据样本为移动设备端采集的个人长达 17 个月的非连续性手机拍摄图片及用户对其的文本描述,具体数据类型见表 3-1。

表 3-1　输入数据格式

数据名称	数据格式
ImageName	varchar2
Latitude	number
Longitude	number
TakenTime	date
Description	varchar2

表 3-1 中,ImageName 表示该条数据对应图片的名称;Latitude 表示该图片拍摄位置对应的纬度信息;Longitude 表示拍摄位置对应的经度信息;TakenTime 表示该图片具体的拍摄时间;Description 则表示该图片相关的用户描述文本信息。

所有采集的实验数据覆盖了用户访问并上传了图片的所有地理区域,但由于拍摄时间的非连续性及非规律性,本书仅利用移动设备上传的图片坐标信息针对用户重要位置进行提取,并通过用户对图片的文本描述对提取的结果进行修正，以提高最终重要位置提取的准确性。

3.4.2　评估方案

本书将整体评估过程按自顶向下的识别结构划分为相应的四个部分，如图 3-7 所示，以此检验每次对数据的操作所达到的效果。为了衡量用户重要位置识别的准确性，本书请上传图片的用户人工标识了所有的重要位置，从而与系统最终的智能识别结果做比较。

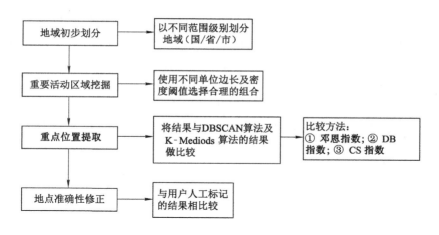

图 3-7　评估整体框架图

针对地域初步划分阶段，本书将依据所有输入数据中的 GPS 经纬度信息转换得到的地理地址信息按不同地域范围级别，如国、省或市等，对用户活动覆盖的地域进行划分。比较的标准为观察划分的地域结果内访问位置是否均匀，是否尽量避免了访问地域内包含过多未访问地区的不理想情况。

在重要活动区域挖掘阶段,本书针对使用的基于密度及网格的聚类方法,尝试单位网格边长及网格访问点分布密度的阈值的不同组合,通过比较最终得到的重要活动区域的合理性,选定最合适的值,划定最终的重要活动区域。判断合理性主要通过查看各个活动区域覆盖的地域中未访问区域所占面积是否较多,以及理论与实际结合观察访问点密度分布阈值设定对重要活动区域大小确定的影响。

对于重要位置的提取,本书将由本次使用的聚类方法得到的聚类结果与使用 DBSCAN 及 K-Mediods 方法得到的各实验结果做比较。比较方法则是通过现有的一系列聚类评价指标对聚类结果进行评估,如邓恩指数、DB 指数及 CS 指数等方法。如此对三种聚类算法拟合给定数据集的结果进行量化,并通过量化后的数据比较衡量各聚类算法的聚类质量。

评估方案最终在位置准确性修正阶段将位置提取得到的最终结果与用户人工得到的最终重要位置集进行比较。

3.4.3 评价方法

位置聚类的比较算法:本书使用基于密度相似度的 DBSCAN 算法与基于距离相似度的 K-Medoids 算法与本书使用的聚类算法做对比。

DBSCAN 算法:该算法将所有密度相连的点作为一个簇,由此将密度足够高的区域划分开来[73]。由于本书中的数据分布较分散,使用该算法可自区分得到聚类数目,同时聚集得到的区域的形状不限,结果如图 3-8 所示。

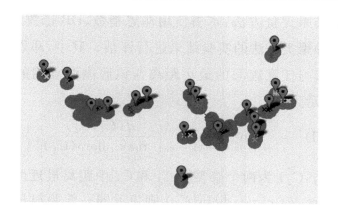

图 3-8　DBSCAN 算法聚类结果图

K-Medoids 算法:该算法认为两个对象的距离越近,其相似度越大,以将距离靠近的点聚集成独立的簇为目的。当数据样本中存在一定数量的噪点时,与 K-means 算法[75]不同的是,该算法提出了新的簇中心选取方式,以此提高了类簇的聚类质量,改善了 K-means 算法对于噪点的敏感程度[76],结果如图 3-9 所示。

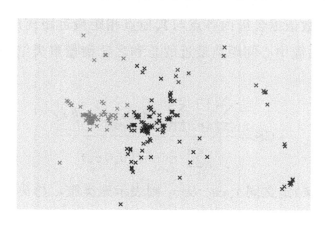

图 3-9　K-Medoids 算法聚类结果图(局部)

聚类结果评价方法：本书使用邓恩指数、DB 指数及 CS 指数方法对三种聚类算法的实验结果进行评估。其中，邓恩指数计算了各聚类簇与任意簇间的最小距离与该簇内两点间的最大距离之比，可表示为：

$$D_{n_c} = \min_{i=1,\cdots,n_c} \left\{ \min_{j=i+1,\cdots,n_c} \left(\frac{d(C_i,C_j)}{\max\limits_{k=1,\cdots,n_c} \mathrm{diam}(C_k)} \right) \right\}$$

式中，$d(C_i,C_j)$ 为两个聚类簇 C_i 和 C_j 中距离最近两点间的距离，即 $\min\limits_{x \in C_i, y \in C_j} d(x,y)$；$\mathrm{diam}(C_k)$ 则表示同一簇距离最远两点间的距离，即 $\max\limits_{x,y \in C} d(x,y)$。

DB 指数计算了聚类簇内平均距离与最大簇间距离，可表示为：

$$\mathrm{DB}_{n_c} = \frac{1}{n_c} \sum_{i=1}^{n_c} R_i$$

式中，$R_i = \max\limits_{i=1,\cdots,n_c, i \neq j} R_{ij}$，且 $R_{ij} = (S_i + S_j)/d_{ij}$，$S_i$、$S_j$ 表示簇中 i、j 点与簇内其他所有点距离的平均值。

CS 指数依据各簇内各点与其他点相距最远距离的平均值的总和同每两簇中心间距离最近的总和之比衡量聚类结果的质量，可表示为：

$$\mathrm{CS} = \frac{\sum\limits_{i=1}^{N} \left\{ \frac{1}{n_c} \sum\limits_{j=1}^{n_c} \max\limits_{k \in n_c, k \neq j} d(j,k) \right\}}{\sum\limits_{i=1}^{N} \min\limits_{a,b \in C} d(v_a, v_b)}$$

式中，$d(j,k)$ 定义同上；v_a 及 v_b 则表示聚类簇 a 与 b 的中心。

3.4.4 实验结果

（1）地域初步划分结果

本书将输入样本数据依次划分为三种不同级别的区域：国级、省级以及市级。平均值则是将得到的所有区域去掉点数最多及最少的区域后剩余区域包含的点数平均值；最多点数表示点数最多的区域包含的访问点数，见表 3-2。

表 3-2　区域划分结果

级别	区域数	平均值	最多点数	点数≥10 的区域数
国级	1	1 452	1 452	1
省级	8	181	952	7
市级	10	145	877	7

根据对上述实验结果的观察，结合大多数用户跨国活动不频繁的事实，国级的划分大多无法对用户活动的区域进行理想的划分。省级的划分使用户长期生活的区域与同省内其他少数访问过的区域合并至一处，导致区域的访问点密度分布极不均匀，但该划分对于整个省内区域均极少访问的数个区域的合并可判断区域点密度。若点较少则可跳过重要活动区域挖掘阶段，从而一定程度上缩短了整个实验的时间。而市级的划分与省级相反，它可将用户长期生活的区域分割为独立的个体，使接下来数个阶段的数据处理更为细化。

因此，对于本次实验的样本，本书将省级划分后区域密度分布不均的区域再次使用市级划分。接下来，省级划分后未进一步处理的区域将进入下一重要活动区域的挖掘阶段，而进一步处理过后的区域则跳过该阶段，直接进入重要位置的提取阶段。

（2）重要活动区域挖掘结果

由于上一阶段得到的点密度分布较均匀的访问区域内仍存

在一定的无效区域（即空白区域），本阶段内主要将各区域网格化，继而通过定义密度阈值的方式挖掘得到访问相对频繁的区域，即重要活动区域。为了选取合适的单位网格规格及密度阈值的组合，我们进行了如下一系列的实验，见表3-3。

表 3-3　实验数据及结果

编号	单位网格规格（$l \times w$）	密度阈值	非重要点数	区域数	区域平均网格数
No.1	100 m×100 m	3	121	43	1.9
No.2	100 m×100 m	5	288	18	2.5
No.3	100 m×100 m	10	471	10	1.8
No.4	200 m×200 m	3	90	30	2.7
No.5	200 m×200 m	5	231	17	2.3
No.6	200 m×200 m	10	352	9	2.3
No.7	500 m×500 m	3	58	22	2.6
No.8	500 m×500 m	5	142	11	3
No.9	500 m×500 m	10	227	8	2.25

实验对比了各单位网格规格及密度阈值组合下的结果：观察产生的非重要位置的数量及位置是否合理，若数量过多表示密度阈值定义偏低或网格过大；观察产生的重要活动区域数量是否过多，若过多则说明阈值定义过高或网格过小，而过少则相反；观察区域的平均网格数是否贴近阈值，若高于阈值过多，则说明阈值设定过低。综合上述三个参考指标，衡量得到 No.4 的组合最为合理。经过本阶段的数据处理，最终得到了本书定义的重要活动区域集合，该集合将作为输入数据放入下一阶段进行进一步的处理。

3.4.5　重要位置提取结果

本阶段内，我们通过基于距离及密度的聚类算法对第一步进行市级划分产生的各活动区域及第二步（即上一步）产生的所有重要活动区域进行重要位置的提取。为了评估本书使用的 DBK-Medoids 算法的表现，我们将其与现有的常见聚类算法进行了比较，本次实验选择了 DBSCAN 算法及 K-Medoids 算法两个基本算法，各算法的设定参数见表 3-4。

表 3-4　实验设定参数集

聚类算法	编号	邻域半径(Eps)	密度阈值(MinPts)	簇数量(K)
DBSCAN	1	50 m	2	—
	2	100 m	5	—
K-Medoids	1	—	—	50
	2	—	—	60
DBK-Medoids	1	50 m	2	—
	2	100 m	5	—

实验中针对对比算法采用的评价指标包括邓恩指数、DB 指数以及 CS 指数。针对本书采用的数据样本，最终得到的实验结果见表 3-5。

表 3-5　评价指标实验结果

聚类算法	邓恩指数	DB 指数	CS 指数
DBSCAN1	0.000 016 7	0.712 5	0.467
K-Medoids1	0.000 409	0.049 1	0.002

表 3-5（续）

聚类算法	邓恩指数	DB 指数	CS 指数
DBK-Medoids1	0.111 5	0.031 3	0.001 51
DBSCAN2	0.000 016 8	1.036	0.842
K-Medoids2	0.000 070 4	0.045 6	0.002 7
DBK-Medoids2	0.008 58	0.150 1	0.002 32

依据各评价指标的定义,可将各聚类的结果按照理想程度进行排序,上述实验结果的优劣排序见表 3-6,表中">"表示优于。

表 3-6　实验结果优劣排序

评价指标	结果排序
邓恩指数	DBK-Medoids1＞DBK-Medoids2＞K-Medoids2＞ K-Medoids2＞DBSCAN2＞DBSCAN1
DB 指数	DBK-Medoids1＞K-Medoids2＞K-Medoids1＞ DBK-Medoids2＞DBSCAN1＞DBSCAN2
CS 指数	DBK-Medoids1＞K-Medoids1＞DBK-Medoids2＞ K-Medoids2＞ DBSCAN1＞DBSCAN2

由表 3-4～表 3-6 的实验结果排序可知,使用 DBK-Medoids 算法,当邻域半径为 50 m 且密度阈值为 2 的情况下的聚类结果在三种评价指标下都表现为最优。而 DBSCAN 算法的聚类结果始终不佳,导致这一结果的原因可能是由于该算法仅基于密度进行聚类的原则而导致各簇距离较远且簇的半径较宽。

3.4.6　位置准确性修正结果

本阶段首先通过词频对已确定的点（即聚类簇内的点）进行修正，结果见表 3-7，表中簇内噪点数即为在此过程中修正的访问点个数。

表 3-7　某市簇相似度及去噪情况表

簇编号	访问点个数	自身相似度	关键词	簇内噪点数
1	108	77.8%	实验室、吃饭、东北大学、学校、西门	24
2	81	59.3%	实验室、吃饭、移动、学校、基地	33
3	88	63.6%	校园、实验室、吃饭、家、公园	32
4	50	86%	吃饭、路上、沈阳、餐厅、开会	7
5	32	68.8%	上课、实验室、家、火锅、东来顺	10
6	30	86.7%	实验室、车上、学生、上课、报告	4
7	26	96.2%	路上、沈阳、北站、买票、火车	1
8	26	92.3%	东陵区、棋盘山、回家、路上、开车	2
9	17	100%	开会、参加、中国移动、基地、位置	0
10	16	100%	沈阳、机场、送人、出发、北京	0

与此同时，本书将区域挖掘阶段产生的脏点及位置提取阶段产生的噪点（即本书认定的怀疑位置），依据词频进行再判断。经统计，修正前总共有噪点 84 个，经修正后为 219 个。

为统计系统最终得到的重要位置的准确率，本书特别邀请用户对所有访问点进行了人工标记，即标记出该用户认为重要的位置，作为准确与否的判断标准。此处，本书将该标准与修正前及修正后的重要位置结果进行了分别的统计,比较结果见表 3-8,表中的正确点个数表示系统最终选定的重要位置中同样被用户标记为重要位置的个数,准确率表示正确点个数占选出的所有重要点总数的百分比。

表 3-8　修正前后统计比较

	正确点个数	准确率
修正前	607	77.1%
修正后	531	81.4%

为验证修正阶段对于最终结果准确率的影响,本书同时统计了修正后正确的访问点个数 CorrectNumber(CN),以及修正后错误的访问点个数 WrongNumber(WN),见表 3-9。

表 3-9　修正阶段影响结果

CN(+)	WN(−)	合计
135	76	59

由此可见,对重要位置的修正过程整体上提高了最终结果的准确率。但系统最终仍有 210 个错误点,其中非重要点被判定为重要位置的点有 121 个。这 121 个位置中,位于用户长期生活地区的位置占全部的 46.3%,这表示在用户个人看来,频繁访问的区域内并非所有位置都可认定为重要。但该类错误点数量仅占整个区域分布点的 10.6%,由此本书认为绝大多数情况下,频繁访问区域内的访问点对于用户皆具有一定的重要意义。而重要位置被判定为非重要位置的点有 89 个,其中 72.1% 分布于访问

密度较低的区域。这类错误的产生主要由于活动区域挖掘时这类点分布区域密度较低,同时距离其余密度高的区域较远,且图片描述对应的用户状态出现过少。

相较于用户访问偶然性较高的区域,如出差地及游览地等,本书提出的识别方法更适用于用户长期生活的区域或访问较频繁的区域,如居住地及家乡等。这一类的区域上传的数据丰富,为位置的识别提供了更能还原用户日常生活的信息。

第4章　基于 Geotagged Photo 数据集的用户行为分析

4.1　引言

　　移动终端设备的普及产生了大量带有地理信息、时间和文本描述的图片数据，即 Geotagged Photo 数据集。对该类型数据根据行为和地点进行划分既能够识别用户的重要地点与行为，又能帮助用户对庞大的数据进行整理。本书提出一种基于多次分类结果的索引构建方法，对数据集进行多次划分，根据分类结果的估计概率为数据分配标签构建索引，实现对数据的整理及重要地点与行为的识别。本书以采集到的 1 400 多条非连续性数据作为实验数据，对本书提出的方法进行实验验证。实验的最终结果显示本书构建的索引与实际标注结果具有较高的吻合度。

　　随着移动终端设备的普及与发展，人们拍摄照片的速度越来越快。目前，人们通常利用 Flickr、Instagram 等图片分享软件来管理、存储这些照片。由于这些照片十分碎片化，用户并不会对其进行整理和分类，而导致在浏览和查找时会浪费很多时间。因此，如何使大量照片自动分类是一个急需解决的问题。根据分类结果包含的用户行为与重要地点之间的关系，可以推断出用户的行为规律,这是目前社会计算领域研究的热点问题之一。

目前已有大量的学者在社会计算领域开展用户行为规律与重要地点识别的研究工作。研究初期,大部分研究都采用自动定位的传感设备采集用户的移动信息[77-79]或者通过无线网络信号的强弱记录来推测用户的移动路线[80-82],在这种自动连续的数据采集方式下,重要地点与行为的识别需要对用户长期的移动规律进行分析,实现起来成本较高,忽略了对用户隐私的保护,给后续研究工作带来了限制。相对的,非连续的 Geotagged Photo 获取更加方便,且数量更多。本书的研究主要针对类似 Instagram、Flickr 等图片分享软件提供的电子照片,这些照片同时具有时间戳、地理位置信息以及文本标签的数据,这类数据统称为 Geotagged Photo 数据集[83]。文献[84]使用 DBSCAN 算法提取出用户上传图片频率较高的区域,将该类区域定义为吸引区,并在此基础上开展了重要地点的相关研究。文献[85]通过使用支持向量机训练数据得到能代表区域的代表性图片。文献[86]通过基于密度的算法将区域网格化,获得密度较高的连通区域。

笔者所在实验室采集了单人为期 16 个月的 Geotagged Photo 数据,包含照片、拍摄位置信息和时间。针对以上这些特点,本书提出了一种多次分类方法:首先,根据用户拍摄的地点按照城市划分;然后,根据用户的重要地点将照片集进一步划分;最后,根据用户在重要地点上的行为进行分类,得出城市、地点、行为三层结构的分类结果。在此基础上,考虑到行为意义的重叠以及照片蕴含信息的复杂性,本书将分类结果中可能性较高的几个类别作为标签分配给数据作为索引,实现对数据集的整理。

本章第二部分介绍了与本书相关的研究工作;第三部分说明了实验的整体框架并明确了文中使用的相关定义;第四部分给出各个阶段的实验过程与记录;第五部分给出了整体工作的总结。

4.2 相关研究

目前在社会感知方面的相关研究中,部分研究选择从连续性移动数据记录着手,从中获取人类的行为及移动模式。文献[86-87]基于用户长期连续上传的 GPS 数据开展了识别用户的重要地点和行为的相关研究工作。Rekimoto 等[81] 使用不间断的 WiFi 上传位置信息确定用户的地点及移动路线。由于上述集中研究数据的研究成本较高、实际应用扩展有限及有用户隐私保护的缺陷,因而本书使用的 Geotagged Photo 数据集是用户自主上传的,且数据包含更多信息,更有利于多样化研究的展开。

本书需要使用分类算法对采集的数据集按照由位置与行为组成的类别进行多类分类,目前使用较为广泛的分类算法有 SVM[88] 和 RBF 神经网络[89]。SVM 方法通过一个非线性映射,把样本空间映射到一个高维内置无穷维的特征空间中,使得在原来的样本空间中非线性可分的问题转化为在特征空间中的线性可分问题。RBF 神经网络是一种前馈式神经网络,它具有最佳逼近和全局最优的性能,同时训练方法快速易行,不存在局部最优问题。本书使用 LIBSVM[90] 和 Matlab 神经网络的算法进行分类。

4.3　解决问题思路及相关定义

本书采集的数据集是用户主动上传的非连续性的照片数据，不需要对数据进行筛选、降噪等处理，所以决定使用分类方法来对数据集进行划分，分类的类别由地点与行为组成，这样根据分类的结果就可识别出用户的重要地点和行为。

4.3.1　分类流程

图 4-1 显示了本书对照片集进行分类的具体流程，主要由三个步骤组成：城市分类、重要地点分类和行为分类。

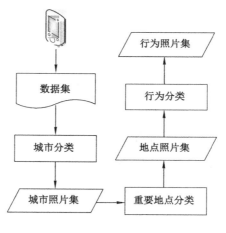

图 4-1　分类流程图

城市分类：用户拍摄照片所在的城市信息能反映出用户所处的行为状态，在生活工作的城市和出差的城市发生的行为是有区别的。这样根据城市对照片集进行划分就可以将旅行和出差的照片与日常生活的照片区分开，对日常生活部分的照片进行更细致的分类,对旅行和出差的照片不再进行处理。

重要地点分类:该阶段对上一步骤得到的日常生活照片按照拍摄地点进行更细致的分类,如办公室、家和娱乐场所等。这一部分主要是为下一步的行为分类作基础,相同的行为发生在不同的地点往往会代表不同的意思。

行为分类:该阶段对照片按照其代表的行为进行分类,具体的行为类别参考其他行为识别研究,并且由于照片数据中可用于分类的信息只有时间和位置两种,无法将照片划分为细粒度的多个种类,只能划分成如工作、吃饭、办事等几类简单的行为。

通过上述三个阶段,照片集中每张照片都得到了由"城市""地点""行为"三部分组成的分类结果,分类的整体结果如图 4-2 所示。

4.3.2 标签分配

在一般的分类方法中,每个数据的分类结果都是唯一的,但在 Geotagged Photo 数据集的分类中结果的单一会造成信息的丢失。例如,用户外出办事与客户在饭店吃饭,记录此事件的数据既包含外出吃饭的信息,又包含外出办事的信息,无论将此数据划分到哪个类别中,另一个行为信息都会被丢失。基于对数据信息完整保留的目的,本书在分类上采用概率估计,获得每个数据属于各个类别的概率,当此概率大于一定的阈值时,认为数据包含此类别代表的意义,并将此类别作为标签分配给数据,每个数据可以具有多个标签。

当所有数据都具有标签后,根据标签构建索引,实现对数据的分类,并将数据中的地理位置信息与标签信息进行映射得到用

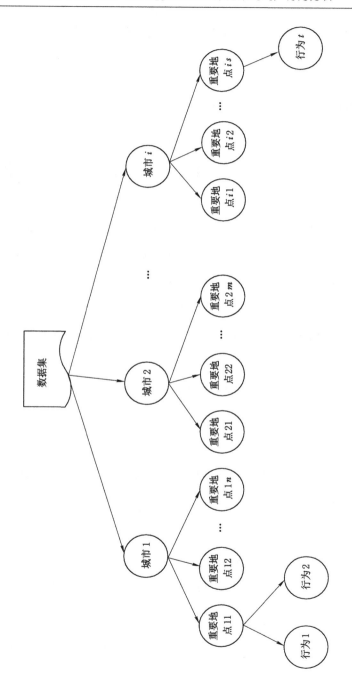

图 4-2　分类结构图

户重要地点与行为信息。当用户上传新数据时，根据实验结果能够通过新数据较准确地推断用户行为，具有一定的现实意义。

4.3.3　相关定义

本节对文中涉及的相关自定义概念进行形式化的定义。

【定义 4-1】 城市类别。用户拍摄照片的所在城市定义为 City，根据照片拍摄时采集的位置信息计算得出。

【定义 4-2】 重要地点。用户拍摄照片所在的重要地点定义为 Place，从用户提供的分类信息中提取。

【定义 4-3】 行为。照片记录的事件代表的行为定义为 Behavior，从用户提供的分类信息中提取。

【定义 4-4】 标签。由以上三个定义组成的分类标签定义为 Label：

$$\text{Label}_{inm} = \{\text{City}_i, \text{Place}_n, \text{Behavior}_m\}$$

每个标签由城市、重要地点和行为三部分组成，同时也表示标签所代表的意义，如在某某城市的某某饭店吃饭。

【定义 4-5】 估计概率。数据属于此分类类别的估计概率定义为 $\text{Probability}_{label}$，当：

$$\text{Probability}_{label} \geqslant \tau, \tau \in (0, 1]$$

时，则该标签有效，添加到数据的标签集合。

【定义 4-6】 标签集合。分类后数据被分配给的标签组成的集合定义为 LabelSet_{photo}：

$$(\text{Label}, \text{Probability}) \in \text{LabelSet}_{photo}$$

标签集合中的元素由标签和数据属于此标签的估计概率组成。

4.4　数据采集与说明

本书采用的数据是通过实验室开发的移动终端 App 采集的。该 App 运行在 IOS 系统上,在用户打开 App 时,自动获取用户当前的经纬度,之后对经纬度进行反向解析,系统将其转化为地理位置信息。用户使用拍摄功能拍照时,会自动地将地理位置信息以及时间信息与照片组合形成一个 Geotagged Photo 数据。数据上传时需用户自行选取想要上传的数据,避免了用户隐私的泄露。此数据集共有 1 400 多条数据,时间长达 16 个月。具体的采集流程和数据形式如图 4-3 所示。

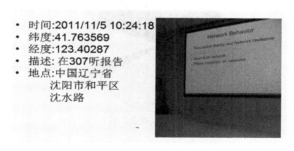

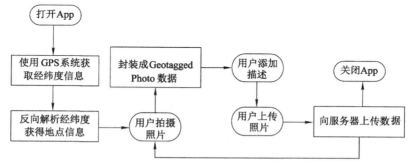

图 4-3　采集流程和数据形式

4.5 实验结果

4.5.1 初期实验结果

在实验初期根据用户的资料和对数据集的分析结果,本书将实验数据分为 6 类,分别为:工作、吃饭、外出(市内)、在家、出差、回老家。人工地对数据集进行了标注,标出每个数据的所属类别。标注标签后每个类的数据数量如图 4-4 所示。

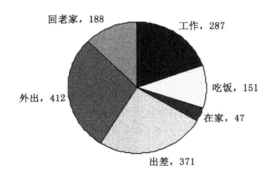

图 4-4 各类数据数量

完成标注后进行分类训练与测试。为了降低误差,本书采用 5 次交叉验证,将数据集分成 5 份,使用其中 4 份作为训练集、1 份作为测试集,分别进行 5 次训练与测试,正确率取 5 次的平均值。分类算法采用 RBF 神经网络和 SVM 两种算法。SVM 算法的正确率为 77.59%,RBF 神经网络算法的正确率为 71.72%。从结果可以看出,SVM 算法的正确率要比 RBF 神经网络算法的正确率要高,下面对 SVM 分类结果进行详细分析。如图 4-5 所示,出差和回老家的正确率为 100％，这是由于在分类时对城市信息进行了初步的划分。吃饭和在家两类的正确率较低，是由于在家类数据样本较少，而吃饭类在地理位置上分布较为离散，与外出类相似。

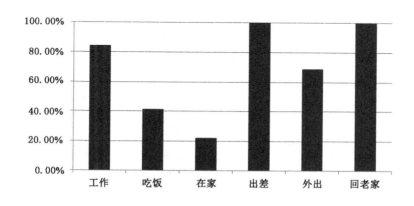

图 4-5　分类正确率

根据上述描述可以看出，此次实验在分类类别的选择上存在一定问题，类别中既有在家这种表示地点的，也有吃饭、工作等表示行为的，对于某些数据不能很好地划分其类别，如在家吃饭、外出吃饭等，所以后续实验对照片集进行了多次分类。

4.5.2　多次分类

多次分类的结构以及每个类中的数据数量如图 4-6 所示。

具体的分类结果正确率如图 4-7 所示。

在采用多次分类方法之后，对于在沈阳的数据分类总正确率

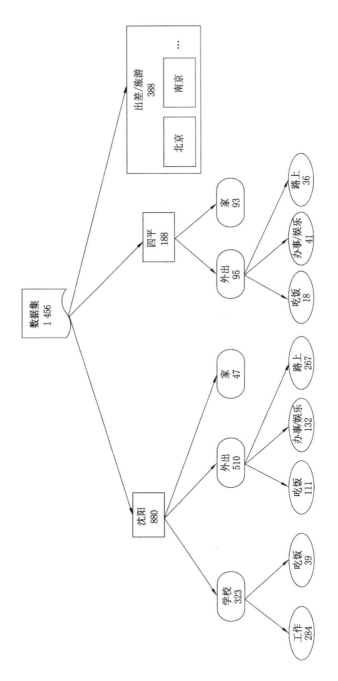

图4-6 多次分类结构图

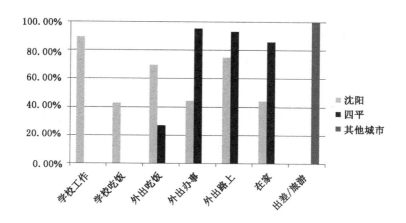

图 4-7　多次分类结果正确率

达到了 71.7％,在四平的数据分类正确率达到了 82.4％,由于其中不包括出差/旅游分类的数据,所以总体正确率较初次分类有了一定的提高。但仍存在一些问题,在人工对数据进行标签标注时,有部分数据的类别不是十分明确,其信息包含了多种行为,仅用一个类别标签不能完全表达数据的含义,会造成信息的丢失,因此考虑将一个数据分到多个类中,具体的实现方式就是为数据分配多个标签。

4.5.3　标签分配

　　如上节所述,为数据分配多个标签能避免信息的丢失,本书利用分类算法中的概率估计方法计算出每个数据属于各个类别的概率,之后对这个概率矩阵进行解析,本书设定当一个数据属于某个类的概率大于或等于 30％时,便认为该数据具有此类的标签,表示数据所表示的事件包含此类标签代表的行为。具体过程如算法 4-1 所示。

【算法 4-1】 标签分配算法

Input:分类训练数据集 trainSet,分类测试数据集 testSet,分类标签类别 labelType。

Output:由每个测试数据的标签组成标签集合 labelList。

1:classifier = svm_train(trainSet);

2:probabilityMatrix = classifier.probabilityEstimate(testSet)

3:for data in testSet

4: for label in labelType

5: if(probabilityMatrix[data][label]≥30%)

6: labelList[data].addLabel(label,probabilityMatrix[data][label])

7: end if

8: end for

9:end for

10:return labelList

在为所有的数据分配标签后,本书使用这些标签对数据集进行划分,并构建索引,具体结构与图 4-1 相似,实现对数据集的整理,方便用户对数据进行查找和浏览。在此结果基础上可以根据数据的标签对用户的重要地点和行为进行研究,识别出用户的重要地点与行为。实际的应用场景如图 4-8 所示。

图 4-8　实际应用场景

4.6　本章小结

本章提出的对 Geotagged Photo 数据集的分类方法能够构建索引实现数据集的快速整理。该成果对于移动终端用户的照片管理具有一定实际意义,并且分类结果能够识别用户的重要地点与行为,具有良好的应用前景。

第5章 基于大数据分析的风机故障诊断

5.1 引言

近年来,故障诊断技术的研究在国内外受到很大的关注,并且已经广泛应用于航天、电力、交通等重要行业中[91-94]。故障诊断的传统方法有很多,如贝叶斯分类器[95]、支持向量机[96]、人工神经网络[97-98]、专家系统[99-100]等。但是这些传统方法都有一定的局限性,当数据量十分庞大、数据类型各异或者数据质量较差的时候,这些方法并不能直接使用。

基于这些传统方法,目前已经有一些故障诊断技术的研究成果,文献[101]通过对故障信号的特性进行判别和诊断,将小波和神经网络应用于对齿轮箱的故障诊断,但是其采用的反向传播算法有着对初始值要求较高的缺点,往往给故障诊断带来困难。文献[102]利用 Bootstrap 方法对原始数据进行重采样,然后用所得的数据子集训练神经网络,最后对结果进行综合,但是这种方法容易陷入局部极小值,同时训练时间较长,对于波动较大的数据进行长期预测精度会很不理想。文献[103]将人工神经网络和专家系统相结合,用来监测风机的运行情况,但是获取完备的知识库是形成故障专家系统的瓶颈,同时如果风机的结构或自动装置的配置发生改变,相应的专家知识库就要进行修改,维护成本过大。文献[104]将小波变换和支持向量机的方法相结合,对小样本的故障进行研究。文献[105]应用黎曼流形和协方差矩阵分布的可视化对机械设备的异常进行检测,以风力涡轮机齿轮箱的故障作为实验对象对诊断方法进行验证,结果表明该方法是比较合理和有效的。文献[106]针对最小二乘支持向量机(LSSVM)的参数选择问题,结合模拟退火算法,提出一种黑洞粒子群-模拟退火算法,该算法可以克服 PSO 算法优化过程中陷入局部极值的问题,用 UCI 数据库的数据进行分类验证,相比 CV 参数优化的 LSSVM,在分类速度和精度上有较大提高,同时已经将该算法应用到风机齿轮箱的故障诊断中,取得了不错的效果。

　　以上这些诊断方法基本上都要以数据量较小或者数据质量较好为前提,而基于海量质量较差的风机实际运行数据来研究,挖掘出数据中有用的知识,并对风机故障进行系统诊断的准确方法几乎没有。

　　基于此,本书着重将工作放到如何通过大数据分析的一些算法来诊断某一个故障与哪些报警信息相关。在故障诊断之前,要先对海量数据进行降维[107]预处理。数据降维的方法有很多,如聚类[108]、半监督判别分析(SDA)[109]、主成分分析(PCA)[110]等。针对所研究的风机实际运行数据,本书采用基于无监督降维的主成分分析的方法来对数据进行预处理,然后再用基于小波神经网络的方法来挖掘数据中的知识;针对参数值是否异常比较难以界定这一难点,定义了故障偏移向量组的一系列概念。由实验结果可知,本书所提出的方法有效地提高了故障诊断的准确性。

5.2　工作背景

本书的数据来源于红牧风电场的实际运行数据,风机组上面有很多传感器,会把重要参数收集起来,每个参数收集间隔从每秒到每天不等。以红牧风电场的东汽 FD77D-1500 型风力发电机组为例,其每年运行积累的数据就要达到 1 TB 以上。本书的数据取自于红牧风电场 2011—2013 年两年的数据。数据库中共有142 个参数,其中有 30 个为报警参数。由于传感器的传值方式或者其他因素限制,有些时刻某些参数的值为空,故障共 308 种,分为 4 个报警等级。部分故障代码以及相应信息见表 5-1。

表 5-1　故障信息

故障号	故障说明	报警等级
T_001	主控制系统上电	3
I_002	风机启动操作	4
I_004	风机自动重启	1
T_007	SMC(变桨控制软件)初始化故障	4
T_021	主变频器故障	3
T_027	发电机超速	3
T_028	电网功率超过最大限制	4
A_030	以太网交换机故障	2

每一个故障在两年内发生的次数不同,有的发生很多次,有的发生一两次,还有的没发生过。为解决首要问题,本书选取发

生次数多且报警级别高（4级）的故障的所有历史记录来研究。所选取研究的故障信息见表 5-2。

表 5-2　选取研究的故障信息

序号	故障原因	故障次数	设备
A_151	变频器部件温度超限	3 649	变频器
A_158	变频器加热器过载	1 310	变频器
A_155	冷却液压力 2 低	713	液压泵
T_324	变桨驱动 2 故障	156	变桨
T_323	变桨驱动 1 故障	123	变桨
T_325	变桨驱动 3 故障	120	变桨

需要说明的是，故障发生的次数和故障条目的多少无关，因为有的故障发生一次可能持续一分钟，有的故障发生一次可能持续一个小时甚至更长时间。

5.3　模型建立

5.3.1　总体流程

首先，从取得的风机历史状态记录中删除取值全部相等的属性；然后，用主成分分析法降维，删除无关属性；接着，取出一部分数据训练小波神经网络，剩下的做测试；最后，取出误差很小的条目，求得故障偏移向量组。具体流程如图 5-1 所示。

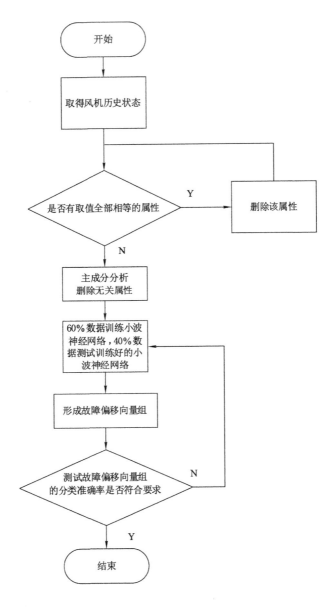

图 5-1　模型流程图

5.3.2　相关定义

【定义 5-1】　偏移向量。偏移向量指的是故障条目与正常条目的对应参数取值的差值形成的向量,偏移向量分量为 0 表示该分量对应的参数取值正常。

【定义 5-2】　同类偏移向量。同类偏移向量指的是维数相同且值为 0 的分量的位置全部相同的偏移向量。例如,$a_1=(0,0,3,0,2,0)$、$a_2=(0,0,4,0,1,0)$、$a_3=(1,0,3,0,0,0)$中,a_1 和 a_2 是同类偏移向量,a_1 和 a_3 不是同类偏移向量。

【定义 5-3】　类别向量。类别向量表示同一类的偏移向量,向量的分量取值只有 0 和 1。例如,类别向量 $\lambda=(0,0,1,0,1,0)$ 表示分量数为 6、第三个分量和第五个分量不为 0 的同类偏移向量,$a_1=(0,0,3,0,2,0)$ 和 $a_2=(0,0,4,0,1,0)$ 都属于类别 $\lambda=(0,0,1,0,1,0)$。

【定义 5-4】　偏移向量组。偏移向量组指的是一个故障的偏移向量的集合,按同类偏移向量进行分类形成的向量组。例如,某故障有如下偏移向量:$a_1=(0,0,3,0,2,0)$,$a_2=(0,0,4,0,1,0)$,$a_3=(1,0,3,0,0,0)$,则它的偏移向量组为:$\{\{a_1,a_2\},\{a_3\}\}$。

【定义 5-5】　状态矩阵。状态矩阵 $S=(\alpha_1,\alpha_2,\cdots,\alpha_n,d)$,$\alpha_1,\alpha_2,\cdots,\alpha_n$ 表示 n 个条件属性在不同时刻的取值,d 表示决策属性在不同时刻的取值,也可以表示成 $S=(s_1,s_2,\cdots,s_m)^{\mathrm{T}}$,$s_1$,$s_2,\cdots,s_m$ 表示某一时刻对应属性的取值。

5.3.3　算法步骤

该算法分为四部分,第一部分是数据预处理(Step 1),第二部分是主成分分析(Step 2~Step 5),第三部分是训练神经网络并测试(Step 6~Step 7),第四部分是找出故障对应的偏移向量组,对故障进行诊断(Step 8~Step 9)。具体算法步骤如下:

Step 1. 对包含正常状态和故障状态的状态矩阵 $S=(\boldsymbol{\alpha}_1,\boldsymbol{\alpha}_2,\cdots,\boldsymbol{\alpha}_n,\boldsymbol{d})$ 进行预处理,如果 $\boldsymbol{\alpha}_i=(a_1,a_2,\cdots,a_t)$ 中,$a_1=a_2=\cdots=a_t$,则删去 $\boldsymbol{\alpha}_i$,得到矩阵 $\boldsymbol{A}m\times(l+1)$。

Step 2. 提取矩阵 $\boldsymbol{A}m\times(l+1)$ 前 l 列,对矩阵 $\boldsymbol{A}m\times l$ 中的每一个元素 a_{ij} 进行标准化处理:$a_{ij}^*=(a_{ij}-\overline{a_j})/\sigma_j$(其中 $\overline{a_j}$ 是第 j 列的期望,σ_j 是第 j 列的方差),处理后的矩阵为 $\boldsymbol{A}m\times l$。

Step 3. 求得相关矩阵 $\boldsymbol{C}l\times l$,其中:

$$C_{ij}=\frac{1}{m}\sum_{k=1}^{m}\left[\left(a_{ik}^*-\frac{1}{m}\sum_{a=1}^{m}a_{ia}^*\right)\left(a_{jk}^*-\frac{1}{m}\sum_{b=1}^{m}a_{jb}^*\right)\right]$$

表示 $\boldsymbol{A}m\times l$ 的第 i 列和第 j 列的参数的相关性。

Step 4. 求得 $\boldsymbol{C}l\times l$ 的特征值,并从大到小排序:$\lambda_1\geqslant\lambda_2\geqslant\cdots\geqslant\lambda_l$。确定主元个数 p,使得 $\left(\sum_{i=1}^{p}\lambda_i/\sum_{i=1}^{l}\lambda_i\right)\geqslant85\%$(专家研究所得的贡献率)。

Step 5. 删除对应的 $l-p$ 列,重新整理矩阵 $\boldsymbol{A}m\times l$ 得 $\boldsymbol{D}m\times p$,加上决策属性列,得到对应的预处理好的矩阵为 $\boldsymbol{D}m\times(p+1)$。

Step 6. 将 $\boldsymbol{D}(m+n)\times(p+1)$ 的行向量随机排列得到新的矩阵 $\boldsymbol{D}m\times(p+1)$,取出 $\boldsymbol{D}m\times(p+1)$ 的 60% 行得到 $\boldsymbol{D}_{\text{train}60\%}m\times(p+1)$,剩余的 40% 为 $\boldsymbol{D}_{\text{test}40\%}m\times(p+1)$。

Step 7. 将 $\boldsymbol{D}_{\text{train}60\%}m\times(p+1)$ 的前 p 列作为小波神经网络的输入向量,最后一列作为输出向量,对小波神经网络进行训练,不断调整小波神经网络的隐藏节点数,取得相对小的网络误差,保存训练好的网络,将 $\boldsymbol{D}_{\text{test}40\%}\, m \times (p+1)$ 输入网络进行测试,并分析输出误差。

Step 8. 将测试结果与实际结果误差小于 δ(专家研究值)的行对应的原始数据取出,按决策属性的值分为两个矩阵,故障状态矩阵记为 $\boldsymbol{E}e \times p$,正常状态矩阵记为 $\boldsymbol{N}z \times p$,对 $\boldsymbol{N}z \times p$ 每一列求期望,得到向量:

$$\boldsymbol{n} = (\frac{1}{z}\sum_{i=1}^{z} n_{i1}, \frac{1}{z}\sum_{i=1}^{z} n_{i2}, \cdots, \frac{1}{z}\sum_{i=1}^{z} n_{ip})$$

将 $\boldsymbol{E}e \times p$ 行向量 $\boldsymbol{e}_1, \boldsymbol{e}_2, \cdots, \boldsymbol{e}_e$ 分别与 $\boldsymbol{n}$ 求差,得到故障偏移向量 $\{\boldsymbol{p}_1, \boldsymbol{p}_2, \cdots, \boldsymbol{p}_e\}$,对此向量组进行分类,得到故障偏移向量组:

$$\{\{\boldsymbol{p}_{a_1}, \boldsymbol{p}_{a_2}, \cdots, \boldsymbol{p}_{a_l}\}, \{\boldsymbol{p}_{b_1}, \boldsymbol{p}_{b_2}, \cdots, \boldsymbol{p}_{b_m}\}, \cdots, \{\boldsymbol{p}_{z_1}, \boldsymbol{p}_{z_2}, \cdots, \boldsymbol{p}_{z_s}\}\}$$

其中 $l+m+\cdots+s=e$,对应的类别向量组为:$\{\boldsymbol{\lambda}_1, \boldsymbol{\lambda}_2, \cdots, \boldsymbol{\lambda}_r\}$。对每一个类别中不为 0 的分量求最大值和最小值,得到两个新的向量,则原偏移向量组变为:

$$\{\{\boldsymbol{p}_{1\max}, \boldsymbol{p}_{1\min}\}, \{\boldsymbol{p}_{2\max}, \boldsymbol{p}_{2\min}\}, \cdots, \{\boldsymbol{p}_{r\max}, \boldsymbol{p}_{r\min}\}\}$$

Step 9. 选取故障状态矩阵 $\boldsymbol{S} = (\boldsymbol{s}_1, \boldsymbol{s}_2, \cdots, \boldsymbol{s}_n)^{\mathrm{T}}$,首先将 $\boldsymbol{s}_1, \boldsymbol{s}_2, \cdots, \boldsymbol{s}_n$ 分别与 $\boldsymbol{n}$ 求差,得到偏移向量 $\boldsymbol{e}_1, \boldsymbol{e}_2, \cdots, \boldsymbol{e}_n$,对于 $1 \leqslant i \leqslant n$,如果 $\boldsymbol{e}_i = (x_1, x_2, \cdots, x_m)$ 中 $x_i \neq 0$,则令 $x_i = 1$;取类别向量组 $\{\boldsymbol{\lambda}_1, \boldsymbol{\lambda}_2, \cdots, \boldsymbol{\lambda}_r\}$,对于 $\boldsymbol{\lambda}_j = (y_1, y_2, \cdots, y_m)$,如果 $x_1 \oplus y_1 + x_2 \oplus y_2 + \cdots + x_m \oplus y_m = 0$,并且 $\boldsymbol{p}_{j\min} \leqslant \boldsymbol{e}_i \leqslant \boldsymbol{p}_{j\max}$,则 $\boldsymbol{e}_i$ 属于类别 $\boldsymbol{\lambda}_j$,即 $\boldsymbol{s}_i$ 为发生故障的数据。如果判断准确率满足要求,则结束;否则继续 Step 7~Step 9。

应用事前分析估算法对本书所提算法的时间复杂度进行分析,令 N 为实验所处理数据的总数,读完数据之后,用算法的 Step 2~

Step 6 处理数据,处理数据的时间复杂度实际上为 $O(n)$,与数据量(N)无关,Step 7～Step 9 应用小波神经网络训练和测试的时间复杂度为 $O(n)$,所以算法最终的时间复杂度为 $O(n)$。

5.4　实验分析

首先,从工业数据库中取出这两年的数据,去除包含有空值的所有条目(空值不能处理)。然后,分别提取包含故障码为 151、155、158、323、324、325、0 的数据条目形成表格,再提取 5 000 条正常运作时的条目形成表格,每个表的最后一列是决策属性,也就是对应的故障码,其余全部为条件属性,将原始数据的每一列按 60 s 的间隔进行插值,得到相应的矩阵 $\boldsymbol{D}_0$、$\boldsymbol{D}_{151}$、$\boldsymbol{D}_{155}$、$\boldsymbol{D}_{158}$、$\boldsymbol{D}_{323}$、$\boldsymbol{D}_{324}$、$\boldsymbol{D}_{325}$。其中,$\boldsymbol{D}_0$ 为正常状态矩阵,其他为故障状态矩阵。

因为诊断每个故障的算法相同,所以以 151 故障举例来说明实验步骤。首先删除 142 个参数中的 30 个报警参数(报警参数只是包含报警的信息),然后再对剩余参数进行主成分分析,得到 45 个主元参数。部分主元参数见表 5-3。

表 5-3　部分主元参数

编号	参数名
1	hm1:x01:Accumulated_cable_windup
2	hm1:x01:Accumulated_pitch_angle_1
3	hm1:x01:AmbTemp_DegC
4	hm1:x01:AvkVAr
5	hm1:x01:AvkW
6	hm1:x01:AvWSpd_mps

将预处理好的数据的 60% 拿来对小波神经网络进行训练。小波神经网络共 3 层,输入层有 45 个节点,对应 45 个参数;输出层有 1 个节点,0 表示 151 故障不发生,1 表示 151 故障发生。隐含层的节点数首先根据经验公式[111]确定范围。选取经验公式:

$$h = \log_2 n, h = \sqrt{(m+n)} + a, h = \sqrt{mn + 1.679\ 9n + 0.929\ 8}$$

式中,h 为隐含层节点数;n 为输入节点数;m 为输出节点数;a 为 $[0,10]$ 中的常数。

根据公式确定隐含层节点数的范围为 $[5,17]$。选取学习速率 $\eta = 0.06$,动量因子 $c = 0.6$,平移因子 b_j,伸缩因子 a_j,从 $[1,45]$ 中取随机数,用试凑法找出使 MSE 最小的隐含层节点数。相关数据见表 5-4。

表 5-4 MSE 数据

隐含层节点数	MSE
5	2.72×10^{-11}
6	3.65×10^{-14}
7	2.67×10^{-11}
8	1.86×10^{-8}
9	1.14×10^{-14}
10	4.12×10^{-11}
11	2.78×10^{-12}
12	6.44×10^{-14}
13	1.63×10^{-10}
14	6.36×10^{-11}
15	1.67×10^{-8}
16	8.73×10^{-14}
17	9.43×10^{-14}

从表中数据可得,当隐含层节点数为 9 时,MSE 最小。然后将训练所得的网络保存,用预处理好的 40% 的数据来测试,把测试得到的值和真实值比较,将误差在 10^{-8} 以内的条目取出,形成误差偏移向量,然后再对向量分类,得到误差偏移向量组。

5.5 实验结果

5.5.1 小波神经网络预测结果

本书在实验时,用 BP 神经网络模型与本模型进行性能比较。选取相同的学习速率和动量因子,同样训练 1 000 次后,小波神经网络输出预测值和实际值如图 5-2 所示(选取 100 个示例样本)。

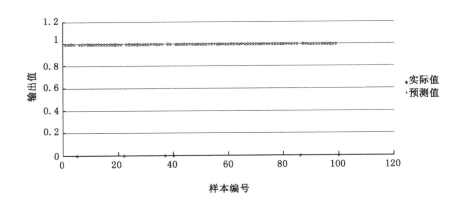

图 5-2 实际值和预测值

从图 5-2 中可以看出,预测值和实际值几乎重叠,也就是说预测误差很小。BP 神经网络误差和小波神经网络误差如图 5-3 和图 5-4 所示(选取 400 个示例样本)。

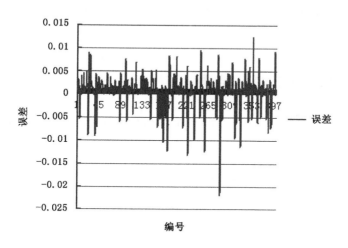

图 5-3 BP 神经网络测试误差

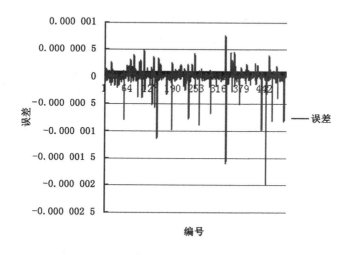

图 5-4 小波神经网络测试误差

从图中可以明显地看出,小波神经网络的预测误差远比 BP 神经网络的预测误差小,这对于我们接下来的研究结果的准确性提供了一个很好的保障。

5.5.2 异常变量偏移结果

以 151 故障为例,对它的偏移向量组分类,得到类别只有一个:$(\boldsymbol{p}_{\min}, \boldsymbol{p}_{\max})$。其中:

$$\boldsymbol{p}_{\min} = \{0, 0, 0, 2, \underbrace{0, \cdots, 0}_{13\text{个}0}, -180, 0, 4, 0, 0, 0, 0, 0,$$

$$-14.5, 0, 0, 0, -28.5, \underbrace{0, \cdots, 0}_{15\text{个}0}\} \, \boldsymbol{p}_{\max}$$

$$= \{0, 0, 0, 8, \underbrace{0, \cdots, 0}_{13\text{个}0}, -160, 0, 8, 0, 0, 0, 0, 0,$$

$$-4.5, 0, 0, 0, -14.2, \underbrace{0, \cdots, 0}_{15\text{个}0}\}$$

这个偏移向量组的类别表示的含义见表 5-5。

表 5-5　故障 151 的属性异常偏移范围

异常属性名称	偏移范围
Overspeed_monitor_signal	$[2, 8]$
RMS_Amps1	$[-180, -160]$
ROT2	$[4, 8]$
RotorRPM	$[-14.5, 4.5]$
Stator_temperature_1	$[-28.5, -14.2]$

也就是说,只有当表中这几个参数取值异常,并且取值与正常值的范围差在此表的范围中,才能够断定此时发生的故障是 151 故障。

5.5.3　整体模型预测结果

用原始数据来对整个模型进行测试,得到的整体模型测试的全部结果,如图 5-5 所示。

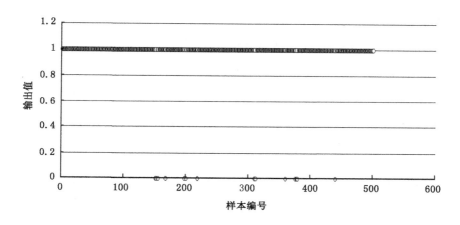

图 5-5　整体模型预测结果

同时,比较本书方法与文献[112]方法的故障诊断率,结果见表 5-6。

表 5-6　故障诊断率

诊断方法	故障诊断率
传统 WNN	88.75%
改进 WNN	97.2%

从图 5-5 和表 5-6 中的实验结果可以看出,在同样的数据集下,本书模型具有较高的故障诊断准确率。

5.6　本章小结

本章提出了对于风机故障诊断的一个系统的模型,从最原始的大量数据开始,首先简单预处理;接着运用主成分分析,删去无关属性;然后训练小波神经网络,初步得到各个故障发生时参数值与正常运行时参数值的关系;最后选取误差很小的样本,得出每个故障的故障偏移向量组,从而达到诊断风机故障的目的。本书与其他关于故障诊断的研究不同之处在于:很多研究认为参数的取值只分为正常和异常两种[113],通过判别哪些参数取值异常来对故障进行分类,从而使得结论并不是很准确。本书认为,参数取值的异常也分为很多种,可以用范围区间来区分,这些不同的异常可能会导致不同的故障,所以本书提出故障偏移向量组的概念,为更加准确地区分故障提供有效保证,同时笔者所在课题组已经把本书研究的内容应用于风机故障诊断平台中。

第 6 章　总结与展望

6.1　总 结

　　大数据是当前研究的热点领域,而大数据其中的一个特征就是数据的非格式化。本书把大数据下不同格式的数据统称为多模式数据,并且获取了社交网络中的数据、自己收集的数据、风机运行时产生的数据。通过对这三种数据的处理、分析,得出三种数据下的行为特性。社交网络和自己所收集的数据都带有 GPS 信息,这部分数据统称为 Geotagged Photo 数据集。书中首先对这部分数据进行了处理、分析,对带有 GPS 信息的照片首先进行了位置分类,寻找这些数据集中的重要位置;接着分析了基于GPS 数据集的轨迹行为挖掘的方法;然后给出了一个基于非连续性的 Geotagged Photo 数据集用户行为分析的方法;最后给出了基于行为分析的风机故障诊断方法。在这里,本书认为风机的运行状态可以和人的行为相对应。本书提出的创新成果如下:

　　(1) 提出一种考虑多种因素的基于非连续型 Geotagged Photo 数据集的重要位置识别方法。该方法首先按照 Geotagged Photo 数据集的标签把图片划分到城市级别,然后在城市内按照聚类的方法把多个位置信息聚类到若干个分类中,从而达到重要位置识别的目的。

（2）提出一种基于非连续型 Geotagged Photo 数据集的用户行为分析方法。在这部分，本书使用了笔者收集的 1 400 多个数据集合，把用户的行为分成若干个类别，然后依据 GPS 和标签信息对用户的行为进行分类。

（3）把用户行为分析的方法应用到风机故障诊断中，在风机运行过程中，会收集到海量的运行信息，本书截取若干个故障发生前一段时间的数据，并作为训练数据，分析各个参数的变化情况，主要分析数据异常的参数或者报警的参数，并分析参数间的关联关系。再用分类的方法分析风机当前的参数和哪个故障数据集最相似，从而达到风机故障预警的效果。

6.2　未来工作展望

书中研究的内容比较多，但是有些没有进行深入的理论研究。在今后的研究工作中，还要在各个方面都要进行深入的研究。主要的扩展研究内容包括：

（1）在基于 Geotagged Photo 数据集重要位置识别方面，在考虑 GPS 和标签信息的基础上，还应该考虑时间因素。另外，针对个人重要位置识别的方法还可以扩展到基于多个人的数据集的研究，从而对个人的重要位置识别进行修正。

（2）在行为识别的研究内容中，还要考虑时间因素。另外，数据集的体量不够，在今后的研究工作中，该数据集将会有更多的数据信息，还要使用更多的数据来验证书中提出的方法的准确性。

（3）风机故障预警实际上是分析风机运行的数据，并把风机运行的参数状态集合当作分析对象，把运行状态模拟成人的行为。在这个过程中，分析每一个故障应该找到更多的故障前信息，对于每一个故障，都应该分析超过 30 次的故障前参数关系和状态，现在的数据集虽然很大，但是同一个故障发生的次数大多数不足 30 次，所以现在数据分析出来的结果只能当作参考，进一步的研究中还要继续加大数据量，同时按照重要性对每一个故障都建立相应的模型。

参 考 文 献

［1］ MANGOLD W G，FAULDS D J. Social media：the new hybrid element of the promotion mix［J］.Business horizons，2009,52(4):357-365.

［2］ KAPLAN A M,HAENLEIN M.Users of the world,unite! The challenges and opportunities of social media［J］.Business horizons,2010,53(1):59-68.

［3］ LAZER D,PENTLAND A,ADAMIC L,et al.Social science：computational social science［J］.Science,2009,323(5915):721-723.

［4］ 於志文,於志勇,周兴社.社会感知计算:概念、问题及其研究进展［J］.计算机学报,2012,35(1):16-26.

［5］ ZHANG M,KONG X H,WALLSTROM G L.Simulation of multivariate spatial-temporal outbreak data for detection algorithm evaluation［J］.Biosurveillance and biosecurity,2008,5354:155-163.

［6］ CHENG T,WANG J Q.Integrated spatio-temporal data mining for forest fire prediction［J］.Transactions in GIS,2008,12(5):591-611.

[7] LEE W H,TSENG S S,TSAI S H.A knowledge based real-time travel time prediction system for urban network[J]. Expert systems with applications,2009,36(3):4239-4247.

[8] RAINHAM D,MCDOWELL I,KREWSKI D,et al.Conceptualizing the healthscape:contributions of time geography, location technologies and spatial ecology to place and health research[J].Social science and medicine,2010,70(5):668-676.

[9] KRUMM J,HORVITZ E.LOCADIO:inferring motion and location from Wi-Fi signal strengths[C]//The First Annual International Conference on Mobile and Ubiquitous Systems: Networking and Services,2004.MOBIQUITOUS 2004.August 26-26,2004,Boston,MA,USA.IEEE,2004:4-13.

[10] REKIMOTO J,MIYAKI T,ISHIZAWA T.LifeTag:WiFi-based continuous location logging for life pattern analysis[J]. Lecture notes in computer science,2007,4718(1):35-49.

[11] 郭黎敏,丁治明,胡泽林,等.基于路网的不确定性轨迹预测 [J].计算机研究与发展,2010,47(1):104-112.

[12] ZHENG V W,ZHENG Y,XIE X,et al. Collaborative location and activity recommendations with GPS history data[J].Artificial intelligence,2010,184-185:17-37.

[13] CRISTANI M,PERINA A,CASTELLANI U,et al.Geo-located image analysis using latent representations[C]//2008 IEEE Conference on Computer Vision and Pattern Recognition.June 23-28,2008,Anchorage,AK,USA.IEEE,2008:

1-8.

[14] KISILEVICH S,KEIM D,ROKACH L.A novel approach to mining travel sequences using collections of geotagged photos[J].Geospatial thinking,2010:163-182.

[15] ZHENG Y T,ZHA Z J,CHUA T S.Mining travel patterns from geotagged photos[J].ACM transactions on intelligent systems and technology,2012,3(3):1-18.

[16] KURASHIMA T,IWATA T,IRIE G,et al.Travel route recommendation using geotagged photos[J].Knowledge and information systems,2013,37(1):37-60.

[17] CAO H P,MAMOULIS N,CHEUNG D W.Mining frequent spatio-temporal sequential patterns[C]//Fifth IEEE International Conference on Data Mining (ICDM'05).November 27-30,2005,Houston,TX,USA.IEEE,2005:82-89.

[18] GIANNOTTI F,NANNI M,PINELLI F,et al.Trajectory pattern mining[C]//Proceedings of the 13th ACM SIGKDD International Conference on Knowledge Discovery and Data Mining-KDD'07.August 12-15,2007.San Jose,California,USA.New York:ACM Press,2007:330-339.

[19] LEE J G,HAN J W,WHANG K Y.Trajectory clustering:a partition-and-group framework[C]//Proceedings of the 2007 ACM SIGMOD International Conference on Management of Data-SIGMOD'07.June 11-14,2007.Beijing,China.New York:ACM Press,2007:593-604.

[20] YING J J C,LU E H C,LEE W C,et al.Mining user simi-larity from semantic trajectories[C]//Proceedings of the 2nd ACM SIGSPATIAL International Workshop on Location Based Social Networks-LBSN'10.November 2,2010.San Jose, California.New York:ACM Press,2010:19-26.

[21] LI Z H,DING B L,HAN J W,et al.Swarm:mining relaxed temporal moving object clusters[J].Proceedings of the VLDB endowment,2010,3(1-2):723-734.

[22] 苑卫国,刘云,程军军,等.微博双向"关注"网络节点中心性及传播影响力的分析[J].物理学报,2013,62(3):502-511.

[23] 李鹏翔,任玉晴,席酉民.网络节点(集)重要性的一种度量指标[J].系统工程,2004,22(4):13-20.

[24] 张伟哲,张鸿,刘欣然,等.基于语料阶梯评价的互联网论坛舆论领袖筛选算法[J].计算机研究与发展,2012,49(S2):145-152.

[25] 朱天.社会网络中节点角色以及群体演化研究[D].北京:北京邮电大学,2011.

[26] TANG J,SUN J M,WANG C,et al.Social influence analysis in large-scale networks[C]//Proceedings of the 15th ACM SIGK-DD International Conference on Knowledge Discovery and Data Mining-KDD'09.June 28-July 1,2009.Paris,France.New York:ACM Press,2009:807-816.

[27] CHEN X R.Research of blog quality based on similarity and influence analysis[C]//Advances in Electrical and Elec-

tronics Engineering-IAENG Special Edition of the World Congress on Engineering and Computer Science 2008. October 22-24,2008,San Francisco,CA,USA.IEEE,2008:231-242.

[28] LIN Y B. GSM network signaling[J]. ACM SIGMOBILE mobile computing and communications review,1997,1(2):11-16.

[29] D'ROZA T,BILCHEV G. An overview of location-based services[J].BT technology journal,2003,21(1):20-27.

[30] 朱耀勤.现代物流信息技术及应用[M].北京:北京理工大学出版社,2017.

[31] 百度百科.全球定位系统[EB/OL].[2012-05-03].http://baike.baidu.com/view/7773.htm? fromId=628443.

[32] 百度百科.伽利略计划[EB/OL].[2013-06-12].http://baike.baidu.com/view/45519.htm.

[33] 百度百科.格洛纳斯[EB/OL].[2013-05-04].http://baike.baidu.com/view/776922.htm? fromId=152877.

[34] 百度百科.北斗卫星导航系统[EB/OL].[2013-06-12].http://baike.baidu.com/view/590829.htm.

[35] 姚一飞,王浩,赵东发.北斗卫星导航定位系统综述[J].科技致富向导,2011(8):10-11.

[36] 刘基余.GPS卫星导航定位原理与方法[M].北京:科学出版社,2003.

[37] 范平志,邓平,刘林.蜂窝网无线定位[M].北京:电子工业出版社,2002.

[38] HO W,SMAILAGIC A,SIEWIOREK D P,et al.An adaptive two-phase approach to WiFi location sensing[C]//Fourth Annual IEEE International Conference on Pervasive Computing and Communications Workshops,2006.

[39] HEREDIA B,OCANA M,BERGASA L M,et al.People location system based on WiFi signal measure[C]//IEEE International Symposium on Intelligent Signal Processing,2007.

[40] SIMON D,SIMON D L.Analytic confusion matrix bounds for fault detection and isolation using a sum-of-squared-residuals approach[J].IEEE transactions on reliability,2010, 59(2):287-296.

[41] BAHL P,PADMANABHAN V N.RADAR:an in-building RF-based user location and track system[C]//19th Annual Joint Conference of the IEEE Computer and Communications Societies,2000.

[42] LI B,SALTER J,DEMPSTER A G,et al.Indoor positioning techniques based on wireless LAN[C]//Proceedings of the 1st IEEE International Conference on Wireless Broadband and Ultra Wideband Communications Sydney,2006.

[43] TOPLAN E,ERSOY C.RFID based indoor location determination for elderly tracking[C]//20th Signal Processing and Communications Applications Conference,2012.

[44] ZHAO J H,ZHANG Y Q,YE M J.Research on the received signal strength indication location algorithm for RFID system

[C]//International Symposium on Communications and Information Technologies，2006.

[45] NI L M，LIU Y H，LAU Y C，et al.LANDMARC：indoor location sensing using active RFID[J].Wireless networks，2004，10 (6)：701-710.

[46] HARDER A，SONG L ，WANG Y.Towards an indoor location system using RF signal strength in IEEE 802.11 networks[C]//ITCC 2005-International Conference on Information Technology：Coding and Computing，2005.

[47] ZHOU S，POLLARD J K. Position measurement using bluetooth[J].IEEE transactions on consumer electronics，2006，52(2)：555-558.

[48] 鲁琦，没国华.基于单片机的红外超声室内定位系统[J].微处理机，2006，27(2)：66-68.

[49] RENÉ H S，WIND R，JENSEN C S，et al.Seamless indoor/outdoor positioning handover for location-based services in streamspin[C]//2009 Tenth International Conference on Mobile Data Management：Systems，Services and Middleware，2009.

[50] KITAMOTO A.Spatio-temporal data mining for typhoon image collection[J].Journal of intelligent information systems，2002，19(1)：25-41.

[51] LI Y F，HAN J W，YANG J.Clustering moving objects [C]//Proceedings of the 2004 ACM SIGKDD International Conference on Knowledge Discovery and Data Mining-KDD'04.

August 22-25, 2004. Seattle, WA, USA. New York: ACM Press, 2004.

[52] LU E H C, TSENG V S. Mining cluster-based mobile sequential patterns in location-based service environments [C]//2009 Tenth International Conference on Mobile Data Management: Systems, Services and Middleware. May 18-20, 2009, Taipei, Taiwan, China. IEEE, 2009.

[53] YUN C H, CHEN M S. Mining mobile sequential patterns in a mobile commerce environment [J]. IEEE transactions on systems, man, and cybernetics, Part C (applications and reviews), 2007, 37(2):278-295.

[54] LU E H C, TSENG V S, YU P S. Mining cluster-based temporal mobile sequential patterns in location-based service environments [J]. IEEE transactions on knowledge and data engineering, 2011, 23(6):914-927.

[55] HSU K C, LI S T. Clustering spatial-temporal precipitation data using wavelet transform and self-organizing map neural network [J]. Advances in water resources, 2010, 33 (2):190-200.

[56] GIANNOTTI F, NANNI M, PEDRESCHI D. Efficient mining of sequences with temporal annotate-ion [C]//Proc of the 6th SIAM International Conference on Data Mining, 2006.

[57] HUANG Y, ZHANG L Q, ZHANG P S. Finding sequential patterns from massive number of spatio-temporal events [C]//

Proceedings of the 2006 SIAM International Conference on Data Mining. Philadelphia, PA: Society for Industrial and Applied Mathematics, 2006.

[58] HUANG Y, ZHANG L Q, ZHANG P S. A framework for mining sequential patterns from spatio-temporal event data sets[J]. IEEE transactions on knowledge and data engineering, 2008, 20(4): 433-448.

[59] ZHENG Y, ZHANG L Z, MA Z X, et al. Recommending friends and locations based on individual location history [J]. ACM transactions on the web, 2011, 5(1): 1-44.

[60] PAEFGEN J, MICHAHELLES F, STAAKE T. GPS trajectory feature extraction for driver risk profiling[C]//Proceedings of the 2011 International Workshop on Trajectory Data Mining and Analysis-TDMA'11. September 18, 2011. Beijing, China. New York: ACM Press, 2011.

[61] ZHANG H C, LU F, ZHOU L, et al. Computing turn delay in city road network with GPS collected trajectories[C]// Proceedings of the 2011 International Workshop on Trajectory Data Mining and Analysis-TDMA'11. September 18, 2011. Beijing, China. New York: ACM Press, 2011.

[62] YUE Y, WANG H D, HU B, et al. Identifying shopping center attractiveness using taxi trajectory data[C]//Proceedings of the 2011 International Workshop on Trajectory Data Mining and Analysis-TDMA'11. September 18, 2011. Beijing, China. New

York:ACM Press,2011.

[63] VELOSO M,PHITHAKKITNUKOON S,BENTO C.Urban mobility study using taxi traces[C]//Proceedings of the 2011 International Workshop on Trajectory Data Mining and A-nalysis-TDMA'11.September 18,2011.Beijing,China.New York:ACM Press,2011.

[64] LI Q N,ZHEN Y,XIE X,et al.Mining user similarity based on location history[C]//Proceedings of the 16th ACM SIGSPATIAL International Conference on Advances in Ge-ographic Information Systems,2008.

[65] ZHENG Y,ZHANG L Z,XIE X,et al.Mining interesting locations and travel sequences from GPS trajectories[C]// Proceedings of the 18th International Conference on World Wide Web-WWW'09.April 20-24,2009.Madrid,Spain.New York:ACM Press,2009.

[66] MIT MEDIA LAB.Reality mining dataset[EB/OL].[2016-04-23].http://realitycommons.media.mit.edu.

[67] YING J J C,LU E H C,LEE W C.Mining user similarity from semantic trajectories[C]//Proceedings of the 2nd ACM SIGSPATIAL International Workshop on Location Based Social Networks,2010.

[68] ZHENG V W,ZHENG Y,XIE X,et al.Collaborative location and activity recommendations with GPS history data[C]//Pro-ceedings of the 19th International Conference on World Wide

Web-WWW'10. April 26-30, 2010. Raleigh, North Carolina, USA. New York: ACM Press, 2010.

[69] YANAI K, KAWAKUBO H, QIU B Y. A visual analysis of the relationship between word concepts and geographical locations[C]//Proceeding of the ACM International Conference on Image and Video Retrieval-CIVR'09. July 8-10, 2009. Santorini, Fira, Greece. New York: ACM Press, 2009.

[70] GIANNOTTI F, NANNI M, PINELLI F, et al. Trajectory pattern mining[C]//Proceedings of the 13th ACM SIGKDD International Conference on Knowledge Discovery and Data Mining-KDD'07. August 12-15, 2007. San Jose, California, USA. New York: ACM Press, 2007.

[71] KALOGERAKIS E, VESSELOVA O, HAYS J, et al. Image sequence geolocation with human travel priors[C]//2009 IEEE 12th International Conference on Computer Vision. September 29—October 2, 2009, Kyoto, Japan. IEEE, 2009.

[72] ASHBROOK D, STARNER T. Using GPS to learn significant locations and predict movement across multiple users[J]. Personal and ubiquitous computing, 2003, 7(5): 275-286.

[73] MARTIN E, HANS-PETER K, JORG S, et al. A density-based algorithm for discovering clusters in large spatial databases with noise[J]. Knowledge discovery and data mining(KDD-96), 1996 (1): 226-231.

[74] ZUO Y J. Multivariate trimmed means based on data depth

[M]//Statistical Data Analysis Based on the L1-Norm and Related Methods.Basel:Birkhäuser Basel,2002:313-322.

[75] MACQUEEN J.Some methods for classification and analysis of multivariate observations[C]//Proceedings of 5th Berkeley Symposium on Mathematical Statistics and Probability, University of California Press,USA,1967:281-297.

[76] HALKIDI M,BATISTAKIS Y,VAZIRGIANNIS M.Clustering validity checking methods[J].ACM SIGMOD record,2002,31 (3):19-27.

[77] CHOU C H,SU M C,LAI E.A new cluster validity measure and its application to image compression[J].Pattern analysis and applications,2004,7(2):205-220.

[78] ZHENG Y,ZHANG L Z,XIE X,et al.Mining interesting locations and travel sequences from GPS trajectories[C]// Proceedings of the 18th International Conference on World Wide Web-WWW'09.April 20-24,2009.Madrid,Spain.New York:ACM Press,2009.

[79] MCKERCHER B,LAU G.Movement patterns of tourists within a destination[J].Tourism geographies,2008,10(3): 355-374.

[80] KRUMM J,HORVITZ E.LOCADIO:inferring motion and location from Wi-Fi signal strengths[C]//The First Annual International Conference on Mobile and Ubiquitous Systems: Networking and Services,2004.MOBIQUITOUS 2004. Au-

gust 26-26,2004,Boston,MA,USA.IEEE,2004.

[81] REKIMOTO J,MIYAKI T,ISHIZAWA T.LifeTag:WiFi-based continuous location logging for life pattern analysis [C]//Location- and Context- Awareness,2007.

[82] RATTENBURY T,GOOD N,NAAMAN M.Towards automatic extraction of event and place semantics from flickr tags [C]//Proceedings of the 30th Annual International ACM SIGIR Conference on Research and Development in Information Retrieval-SIGIR'07.July 23-27, 2007.Amsterdam, Netherlands.New York:ACM Press,2007.

[83] ZHENG Y T,ZHA Z J,CHUA T S.Mining travel patterns from geotagged photos[J].ACM Transactions on Intelligent Systems and Technology,2012,3(3):1-18.

[84] YANAI K,KAWAKUBO H,QIU B Y.A visual analysis of the relationship between word concepts and geographical locations[C]//Proceeding of the ACM International Conference on Image and Video Retrieval-CIVR'09.July 8-10, 2009.Santorini,Fira,Greece.New York:ACM Press,2009.

[85] GIANNOTTI F, NANNI M, PINELLI F, et al.Trajectory pattern mining[C]//Proceedings of the 13th ACM SIGKDD International Conference on Knowledge Discovery and Data Mining-KDD'07.August 12-15,2007.San Jose,California,USA. New York:ACM Press,2007.

[86] ZHENG V W,ZHENG Y,XIE X,et al.Collaborative location

and activity recommendations with GPS history data[C]//Proceedings of the 19th International Conference on World Wide Web-WWW' 10. April 26-30, 2010. Raleigh, North Carolina, USA. New York: ACM Press, 2010.

[87] LIAO L. Location-based activity recognition[D]. Washington: University of Washington, 2006.

[88] CORTES C, VAPNIK V. Support-vector networks[J]. Machine learning, 1995, 20(3): 273-297.

[89] BROOMHEAD D S, LOWE D. Multivariable functional interpolation and adaptive networks[J]. Complex systems, 1988, 2(3): 321-355.

[90] CHANG C C, LIN C J. LIBSVM: a library for support vector machines[J]. ACM transactions on intelligent systems and technology, 2011, 2(3): 1-39.

[91] ALAMUTI M M, NOURI H, CIRIC R M, et al. Intermittent fault location in distribution feeders[J]. IEEE transactions on power delivery, 2012, 27(1): 96-103.

[92] YANG H, ZHANG Y, JIANG B. Tolerance of intermittent faults in spacecraft attitude control: switched system approach [J]. IET control theory and applications, 2012, 6 (13): 2049-2056.

[93] JIANG Y J, YE Y, LIANG X W. A distributed fault diagnosis algorithm for satellite network[J]. Journal of Chinese systems, 2013, 11: 2518-2523.

[94] MA J Y, ZHOU X S, ZHANG Y, et al. Debugging sensor networks: a survey[J]. Chinese journal of computers, 2012, 35(3): 405-422.

[95] DOMINGOS P, PAZZANI M. Beyond independence: conditions for the optimality of the simple Bayesian classifier[J]. Machine learning, 1996: 105-112.

[96] CORTES C, VAPNIK V. Support-vector networks[J]. Machine learning, 1995, 20(3): 273-297.

[97] AYGEN Z E, SEKER S, BAGNYANIK M, et al. Fault section estimation in electrical power systems using artificial neural network approach[C]//1999 IEEE Transmission and Ddistribution Conference. April 11-16, 1999, New Orleans, LA, USA. IEEE, 1999.

[98] HU M, WANG H, HU G, et al. Soft fault diagnosis for analog circuits based on slope fault feature and BP neural networks[J]. Tsinghua science and technology, 2007, 12: 26-31.

[99] BERGMAN S, ASTROM K J. Fault detection in boiling water reactors by noise analysis[J]. Technical reports, 1983: 1-20.

[100] VAZQUEZ M E, CHACON M O L, ALTUVE F H J. An on-line expert system for fault section diagnosis in power systems[J]. IEEE transactions on power systems, 1997, 12(1): 357-362.

[101] HUANG Q, JIANG D X, HONG L Y, et al. Application of

wavelet neural networks on vibration fault diagnosis for wind turbine gearbox[M]//Lecture Notes in Computer Science. Berlin, Heidelberg: Springer Berlin Heidelberg. 2012:313-320.

[102] ZHANG J.Improved on-line process fault diagnosis through information fusion in multiple neural networks[J].Computers and chemical engineering,2006,30(3):558-571.

[103] GARCIA M C,SANZ-BOBI M A,DEL PICO J.SIMAP:Intelligent system for predictive maintenance:application to the health condition monitoring of a windturbine gearbox [J].Computers in industry,2006,57(6):552-568.

[104] LI P F,JIANG Y Y,XIANG J W.Experimental investigation for fault diagnosis based on a hybrid approach using wavelet packet and support vector classification[J]. The scientific world journal,2014:1-10.

[105] WANG S B,SUN X G,LI C W.Wind turbine gearbox fault diagnosis method based on Riemannian manifold[J].Mathematical problems in engineering,2014(1):1-10.

[106] JIAO B,XU Z X.Multi-classification LSSVM application in fault diagnosis of wind power gearbox[M]//Advances in Intelligent and Soft Computing. Berlin, Heidelberg: Springer Berlin Heidelberg,2012:277-283.

[107] BLUM M G B,NUNES M A,PRANGLE D,et al.A comparative review of dimension reduction methods in approx-

imate Bayesian computation[J].Statistical science,2013, 28(2):1-48.

[108] SAMBASIVAM S,THEODOSOPOULOS N.Advanced data clustering methods of mining web documents[J].Issues in informing science and information technology,2006,3:563-579.

[109] SONG Y Q,NIE F P,ZHANG C S,et al.A unified framework for semi-supervised dimensionality reduction[J].Pattern recognition,2008,41(9):2789-2799.

[110] JOLLIFFE I T.Principal component analysis and factor analysis[M]//Principal Component Analysis,NY:Springer New York,1986:115-128.

[111] XIE H,HE Y G,WU J.Research on analog circuit fault diagnostic method based on wavelet-neural network [J].Chinese journal of scientific instrument,2004,25(5):672-675.

[112] ZHUANG Z M,YIN G H,LI F L,et al.Fault diagnosis based on wavelet neural network[C]//2012 Fifth International Conference on Intelligent Computation Technology and Automation,2012.

[113] LI N,WANG L,JIA M,et al.Faults intelligent diagnosis system for fan based on information fusion[J].Journal of Central South University(Science and Technology),2013,7:2861-2866.